一擊必中！
給職場人的簡報策略書

你的職場簡報 Partner 鄭君平 —— 著

獻給我的家人與幫助本書內容的所有人，
因為有你們，這本書才得以催生。

獻給我的讀者與曾拿起來閱讀的所有人，
因為有你們，這本書才會有價值。

創意鼓勵天馬行空，但唯有透過邏輯化的梳理呈現，才能促成有效的說明，並將其化為可能。作者詳述如何透過行銷的策略思考及設計的視覺輔助，讓簡報成為溝通利器，以清楚傳遞概念訊息與思維重點，值得職場人參考。

——**丑宛茹** 實踐大學設計學院院長

簡報是合理的越級報告，展現個人的能力與視野的關鍵機會！掌握此書的技巧與邏輯，製作一份有Power、有Point的簡報，將是事業成功的最佳捷徑！

——**何承育** 勤美學執行長

書中將精煉簡報的主軸梳理為「介紹型」、「資料型」、「綜合型」這三型，再佐以「七大心法」，游刃有餘的攻克職場所有（非）理性、（非）感性摻雜的各式戰役，真有你的！

——**伍大忠** 佛光大學產品與媒體設計學系副教授

輕簡的簡報承載著獲取認同甚至讚賞的期待，以及隨後的合作行動。

——**黃世輝** 國立雲林科技大學設計學院院長

「簡報」是整合策略、
溝通與視覺的最佳媒介

　　每年十二月份開始，就是聖誕節前夕到農曆過年的這段時間，我都會開始例行性檢視今年度所有負責的專案績效與相關數據整理。

　　我會使用 Word 或 Pages 條列專案執行內容的標題、內文與效益說明，再來會檢視各專案資料夾的圖片與輔助資料。在整理資料的過程中，同時思考簡報頁面配置，將重要的數字、重點內容或需要的輔助圖片放置在頁面中，就像把一個資料夾，利用數頁簡報講清楚的概念，快速排版後進行存檔，這就完成例行性的年度專案績效簡報製作，日後如果有需要哪些專案內容，再一一統整即可。

　　經過自我檢視每年所參與的工作專案，發現自己為各種產業類型專案、所屬部門、各高層主管與獨立接案等（中、英文皆有），所製作過的簡報檔案已超過千個以上，幾乎平均每幾

日就會製作到簡報或資料統整，而在快速瀏覽完這些檔案後，
內心突然有一個聲音告訴自己，應該要把多年在職場上的簡報
製作心得分享出來，讓同樣身為職場人的你，閱讀到真的能夠
派上用場的東西，因此催生了本書。

「沒有因，何來果」。

這是我在職場上最常探詢的事情之一。

職場上所有事件的發生、人的思考背後都有其原因與動
機，所有需求也都有想達到的目的或解決方向，所有問題最後
都希望產生相對應的答案（不正視問題也是一種答案），而「簡
報」就扮演了這樣的角色：與其他人進行有效溝通，並找出背
後的動機原因，再透過邏輯性的說明以達到所設定的目的。

**每一份簡報的需求，背後都有一個或數個明確的「目的」
或隱藏的「疑問」，針對這些目的與疑問，提出具有邏輯脈絡
的「解決」方式或「答案」說明。**

我從設計到行銷雙領域的職涯過程中，從設計的基礎階段
開始累積，學習如何透過視覺（平面、手繪、印刷）、實體化
（產品製造、工藝技術、實體包裝）去呈現腦中的思考與想法，
並讓其他人瞭解，以及透過製作作品集或履歷，去展現出人的
個性、優勢與價值觀。數年後，我發現在整個商業流程中，市

場端是非常有趣並充滿挑戰的，因此將重心轉向市場行銷端，讓成果不單純只是「產出」，而是「銷售」。

整個轉換過程，其實就是將「思考」轉化成真正的「生意」，對外談的是結合消費者思維、市場調查、數據洞見與行銷活動，將商品、服務、品牌推展出去；對內談的是溝通、換位思考與執行能力，能夠設身處地的與設計端、市場端的夥伴溝通，進行跨領域的整合。中間就是談溝通、談視覺、談策略，而「簡報」便是整合彼此的最佳媒介，職場與接案則成為我試驗簡報成效的最佳場所。從受眾的反應、老闆或上司的態度、客戶看完簡報的感受，自我省思並逐步調整簡報製作的經驗。

也因為在多種產業、公司與部門的歷練下，部分工作職務幾乎都在處理簡報與使用簡報溝通，所經歷的過程以「我如果現在不是在製作簡報，就是正在思考簡報的內容」來形容，是最貼切不過的。藉由大量處理各式簡報的經驗，將其與老闆、上司及客戶的溝通心得總結，希望能夠讓職場人真正地了解到何謂派得上用場的「職場簡報」。

◆ 職場簡報，其實就是在談「簡報策略」

思考策略如同棋術一般，打將、挪、捉、跟、攔、牽、逐、棄等，每個步驟的串連都是循著自己的思考脈絡，更如同《孫

子兵法》中的「知己知彼，百戰不貽；不知彼而知己，一勝一負；不知彼不知己，每戰必貽」，每天都在思考新的客戶思維、面對新的挑戰、思考新的呈現方式、吸收新的東西、測試新的策略，只要能夠做出讓老闆點頭同意的簡報、讓客戶超出預期的簡報內容，或做出能夠提案成功的簡報，都會讓我覺得有趣。

過程中不斷鋪陳、思考邏輯問題，嘗試各式圖表解釋以達到最容易讓人瞭解的狀態、不斷地排序脈絡架構、思考如何抓出重點、觀察對方表情、與各層級的人溝通。

每天面對的可能有單頁、五頁、十頁到百頁的簡報，需要在一小時內完成、一天、一個星期或兩個月的簡報製作期限；可能是幫助營運、行銷、策略、通路、電商、活動、面試、求學、市場調查、數據分析、商業模式到品牌議題等；對方是各產業最高層級的決策者或中小企業老闆、公司中高階主管、直屬上司、同事或下屬；客戶領域跨足科技、音樂、演藝、體育、餐飲、服務等業別；類型包括營收破億的中小型企業、進軍國外通路的本土品牌、世界級的台灣品牌、跨產業領域的協助提案、未來的市場戰略研究與音樂相關產業市場等，每一次都在不斷地衝擊、疊加與積累。

◆ 每一份工作都在連接下一段人生

　　無論是哪個行業、職階或工作領域，好的溝通與表達能力，讓對方快速瞭解並拉到和自己同個頻率，是很多職場人所希望達到的，尤其在與老闆或上司的溝通更是如此。

　　因為工作關係，我身邊常會遇到許多優秀人才，因一而再、再而三的與老闆或上司產生溝通謬誤，導致信心下降、失去熱情與成就感，甚至停止溝通而求去，甚為可惜！因此如何有效溝通，帶著你的老闆與上司朝著共同目標前進，相信能讓職場人倍增信心與成就感，就算離開這份工作，都能幫助你下一段的職場人生繼續前進。

　　利用簡報來溝通，在職場上是非常有效率的方式之一。希望透過本書的內容，能夠真正的幫助到職場上的你，在實際的簡報思考時派上用場，透過簡報讓自己發光，並讓人看到自己的價值。

　　觀念對了，方向就對了，製作職場簡報就是這樣。

◆ 百分之百由簡報打造出來的簡報策略書籍

　　本書不是在寫華而不實、紙上談兵的教學理論，實際使用

卻無法派上用場的觀念，或是如部分作者本身沒有正確的設計思維與學習基礎，頁面觀念錯誤或美感不足，甚至根本沒有在職場或一線戰場上有簡報提案的實戰經驗，只是使用教學研究資料等；本書也不會告訴你如何製作簡報頁面，但會告訴你該如何思考簡報頁面，並不是要給你一個公版規範照著做就能過關，但會告訴你職場上需要具備什麼實戰心法來製作簡報的策略。

　　本書也是透過簡報所催生的產物，思考如何利用簡報策略向出版社進行提案、向產業或公司爭取贊助機會、爭取產學界名人的推薦支持、利用簡報的製作經驗獲得收入、表達自己的思維、讓受眾心中產生真的能夠受用的感想等，這一切的背後都是扎扎實實的累積，而其中的奧祕都寫在本書中。

　　每一章節的策略心法，都是實際在職場上被測試過的經驗準則，絕對是百分之百實戰心法經驗。

　　本書為第壹輯，每一章節都有各自的脈絡與能夠延伸的主題。如果讓正在閱讀本書的你能夠獲得書中某一段話的體悟，相信絕對沒有比這個更令人開心的事了。

　　再次感謝購買並正在閱讀本書的你。

簡略架構説明

本書整體架構分成三大區塊，分別為「談概念」、「談策略」、「談心法」。

子章節部分，則將三大區塊分為五章七小節，總共三十五小節。

第一章節「談概念」：談職場簡報的主軸核心概念與所延伸的內容。

讓職場人能夠迅速地進入職場簡報的世界，並在閱讀的同時，思考和自己目前所遇到的現況是否相符。

第二至四章節「談策略」：談職場簡報最常見的三種類型的製作思考策略。

職場上最常遇到的三種簡報類型，分別為「介紹型簡報」、「資料型簡報」與「綜合型簡報」，針對其內容思考與頁面

鋪陳順序的策略做說明，並描述介紹型簡報與資料型簡報兩者在職場上的應用情況，讓職場人清楚知道自己所面對的簡報類型，以調整思考策略、所鋪陳的頁面順序與邏輯架構，最後則談綜合型簡報的基礎觀念與相關應用情境。

　　第五章節「談心法」：談製作職場簡報的七個思考心法訣竅。

　　集結多年的測試經驗與製作技巧，歸納出製作職場簡報的七大重點心法，提供職場人製作簡報頁面時的參考。

　　希望看完本書內容後，明天進公司就立即開始嘗試！

第一章　職場簡報的概念

第二章　介紹型簡報談的是「如何形塑價值與展現潛力」

第三章　資料型簡報談的是
「如何找出問題與提出解決方式」

第四章　綜合型簡報談的是
「如何達成目標的途徑」

第五章　職場簡報的七大思考心法

第一章

職場簡報的概念

1.1

職場簡報的三個基本特徵

職場簡報就是兼具快速同步、
清晰輪廓與簡易行動的溝通工具。

　　或許目前身處職場的你，可能沒有太多機會接觸到簡報，而且就算不懂得如何製作簡報，也不會影響工作。但在職場上，如果能夠清楚表達自己的想法來進行溝通，絕對會有正向的助益。

　　如果你已經有多年製作簡報的經驗，或是工作職務內容就是包含製作各種類型的簡報，其實更可以發現：**透過「簡報」，就能輕易傳達出個人在職場上的價值，並增加提案過關的機率。利用簡報的呈現，可間接展現出個人的邏輯架構、策略思考、溝通表達、文案技巧、計畫時程掌控、排版視覺與設計美感等能力。**

◆ 簡報相關的市場熱度

　　近幾年簡報成為眾多職場人關注的顯學，甚至成為職

場上必學的技能之一，從 Google 輸入關鍵字：簡報（後面加上範本、技巧、模板、軟體、設計、背景等）、Slides Presentation……超過數百萬個搜尋結果，都顯示出簡報的熱門程度與影響層面，至今幾乎形成一個「簡報小宇宙」。

把簡報當成圓的中心點，因應不同類型的使用需求與科技應用，向外擴散延伸出各種的類型產業，包含簡報製作軟體研發、硬體產品配件、學習課程、新型顧問服務與社群團體等。

拜全球網路科技發達所賜，透過直播方式與影音平台串連，讓全世界都能同步觀看到「人」如何使用「簡報」這個溝通媒介向世界溝通，如蘋果公司的史蒂夫‧賈伯斯（Steve Jobs），其堪稱革命性二〇〇七年的 iPhone 發表、二〇〇八年 MacBook Air、二〇一〇年的 iPad 產品發佈的經典橋段（分別為如何切入手機競爭市場契機、如何展現產品的輕薄比較手法、如何找到新產品線的市場區隔）。

另外使用簡報作為溝通橋樑的平台有 Ideas worth spreading-TED Talks，受眾可選擇觀看全球各式議題、各種語言與演說時間長短的演講。透過短短的十幾分鐘，來自世界各地的演講者，藉由簡報來描述這個世界過去所經歷的事件、現在正在發生的故事以及未來可能會影響的層面。

群眾募資平台、創業 Pitch、各產業品牌新品發表，延伸

到各大專院校相關簡報課程，幾乎都已經進入簡報的世界，並且學習如何利用簡報作為溝通媒介。

◆ 職場簡報的三種基本特徵

回歸到職場面，職場上的溝通方式包含面對面交談、email、通訊軟體、電話聯絡與多人會議等，但**如何能在短時間內與眾人溝通，並讓受眾都能往共同目標前進，簡報就扮演著不可或缺的角色。**

為什麼簡報能成為職場上很常使用的溝通工具之一？

因應其職場特性，簡報所面對的狀況，通常要面對短時間的迫切性與達成當初所設定的目的性，其中具備了時間效率、輪廓位置與思考行動，因此從我個人的經驗中，認為職場簡報具備以下三種基本特徵，分別為**代表時間維度的「快」、代表空間位置的「清」、代表人行為動作的「簡」。**

快：代表「時間」。

簡報的功能在於能快速製作完成，並有效率地與關係者溝通，在短時間內讓所有關係者專注於同一件事情或一個畫面。

快速製作完成與有
效率的與眾人溝通

引導簡單明瞭的執
行方向與行動方針

清楚瞭解整體輪廓
與確認共同的目標

清：代表「位置」。

強調的是能夠透過簡報，讓所有關係者清楚瞭解整體輪廓
與確認共同的目標方向，並保持清晰且平等的資訊量。

簡：代表「動作」。

藉由時間與位置資訊，影響所有關係者的思考與感受，讓
所有關係者產生討論或決策，引導出簡單明瞭的執行方向或行
動方針。

1.2

簡報與人的三種關係

簡報可以扮演主角，也可以是配角或背景角色。

　　簡報是將個人思考邏輯視覺化的工具。從簡報架構到內容頁面，所呈現出來的所有元素，包含圖片、文字、選色、條列與說明順序等，都展現出簡報製作者的思維邏輯。

　　而在職場上，「簡報」之於「人」到底扮演著什麼樣的角色，是輔助工具？還是發聲工具？或是展現個人價值的工具？事實上，「簡報」之於「人」所扮演的角色，會依照職場場合、目的或職務而有所差異，簡報與人（包含簡報發表者、製作簡報者、觀看簡報者）的互動關係，通常會呈現以下三種類型。

◆「簡報」與「人」的互動關係

　　第一種屬於最容易被關注的簡報類型，適用於特定公開場合。

　　像是**知名人士公開演講、專業講師課程與品牌發表會等**，

以簡報發表者個人與其經歷為主要吸引點，而簡報只是扮演輔助的用途。例如 TED Talks，以○○○（人名）△△△△△△（演說主題）搜尋，舞台聚光燈打在站立於舞台前方的簡報者身上，受眾的視覺焦點關注在簡報者身上，簡報在後成為背景，利用簡報畫面來輔助加強受眾的理解力與記憶。

　　眾多品牌透過簡報向消費者展現其品牌潛力與產品價值，尤其在科技業更甚，觀看世界行動通訊大會（MWC）、消費電子展（CES）、德國柏林消費性電子展（IFA）、市場的新興產品或服務發表會等，其集團或公司領導人的個人魅力，甚至凌駕於品牌或產品之上，受眾視覺專注在簡報者身上，而簡報則協助簡報者加強某些視覺表現或故事運用。

　　第二種則是簡報與人最常見的角色關係，**受眾焦點集中在簡報頁面內容，簡報發表者則是在旁提供陳述與輔助說明的角色。**

　　例如職場會議，員工對上司進行專案進度報告，或是學校成果發表課程，說明努力過程與思考脈絡，市場上常見的還有新創品牌的募資簡報、創業者的 Pitch 簡報，通常簡報者本身尚未具有一定的知名度，需要透過簡報內容增加對於受眾的影響力與提升知名度。

　　第三種則是職場上很容易遇到的情況，**簡報製作者並不在現場，而是提供簡報給其他人使用或是讓受眾自行閱讀簡報。**

　　例如製作簡報檔案給客戶的提案，但是簡報是由其他人介紹說明，或是瀏覽網站看到各式簡報檔案，但簡報製作者並沒有在旁說明，而是讓受眾自行閱讀簡報，了解內容所傳達的概念。

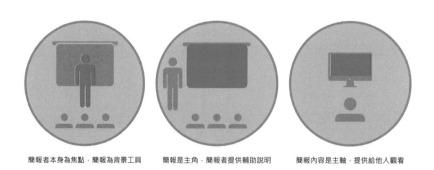

簡報者本身為焦點，簡報為背景工具　　簡報是主角，簡報者提供輔助說明　　簡報內容是主軸，提供給他人觀看

　　就目前而言，「職場簡報」與你的關係，最常出現的類型是哪一種？我認為以上三種關係在職場上都很常出現，無論你是正走在創業路上的創辦人、公司的中高階主管、職場上的資深員工或新進人員，多少都會接觸到。

◆ 務必清楚瞭解簡報對於自己的角色定位

第一種關係類型通常是簡報製作者為演說者特別製作專屬內容，而演說者在某領域已具有相當影響力者。第二種、第三種則為職場內部最常見的關係類型，簡報製作者常扮演專案的企劃者、製作者與報告者，受眾關係是直接面對客戶、老闆或上司，或是簡報製作者的角色為協助老闆或上司製作會議需求的簡報資料，簡報受眾關係是給上司面對更高階的主管、老闆或客戶的簡報提案。

市場上有很多簡報類文章與相關書籍內容，通常都針對第一種、第二種類型進行說明。例如如何學習 TED 講者表達技巧、如何製作像 TED 講者的簡報、學習 TED 講者的祕密、上台簡報與演說的練習、簡報邏輯順序與版面設計教學觀念等。

但就實際職場簡報製作經驗中，第三種也是會造成許多職場人困擾的地方，甚至是現在正遇到的問題，自己無法親自說明簡報內容，但在老闆或上司的需求指示下，就要進行簡報頁面製作的狀況，因此透過了解簡報與人的關係，將更能確認簡報對於自己的設定角色為何。

1.3

職場簡報最容易遇到的
三種問題因子

關係人溝通不足、內容邏輯不清、期限時間不明，
都會影響簡報成果。

　　職場上製作的簡報類型，有「商務簡報」、「商業簡報」、「工作簡報」或「職場簡報」等名稱，它與一般簡報最大的差異在於，職場簡報因為要適應職場環境中的需求，通常會有一個或數個非常清晰的目的或需求（為了解決什麼問題或釐清哪些疑慮），會有非常清楚的受眾目標（公司與會者或客戶群），以及需要提出明確的下一步動作（確認誰去執行什麼或往哪個方向前進）。

　　從上述過程中，我們先來談製作職場簡報時，最容易遇到的問題。

　　從我個人經驗中，很常遇到職場人詢問類似問題，例如我只會把所有字打上頁面，再來就不知道該怎麼做？為什麼這個

簡報版型明明很美，卻很難在職場上使用？學一些知名人士的簡報頁面，放上 200pt 的二個大字或只放一張照片，卻無法得到老闆或上司的賞識？為什麼上司製作的簡報頁面塞滿了字體、使用奇怪的 3D 圖表或標楷體都還能過關？自己花了好幾天的加班時間製作的簡報，最後卻無法達到老闆或客戶的要求？

　　如果你也有類似疑問，我將從職場簡報的問題中，陳述影響職場簡報的元素與其問題點，相信能解決許多人長久以來內心的疑問。

　　將製作職場簡報的流程攤開，**從收到指令、溝通需求到製作完成，問題點通常會發生在「期限」、「關係人」、「內容」三個元素身上**，三者又彼此相互關聯影響，因此如果能在製作簡報時，注意三種元素以及所延伸的問題細節，便不會出現太重大的失誤。

　　針對職場簡報最容易出現的三個問題元素與影響環節，以及彼此交集的問題說明如下：

　　一、「期限」是一切與時間有關的因素，包含簡報完成期限、取得內容資料的時間、圖表內容時間基準、後續行動所擬定的執行時間軸等。

　　二、「關係人」包含會與此份簡報有相關連結的人，如簡報製作者、簡報受眾（會議參與者）與提出此份簡報的需求者（老闆或上司）。

　　三、「內容」則歸類為簡報內所呈現的圖文、敘述邏輯與版面設計。

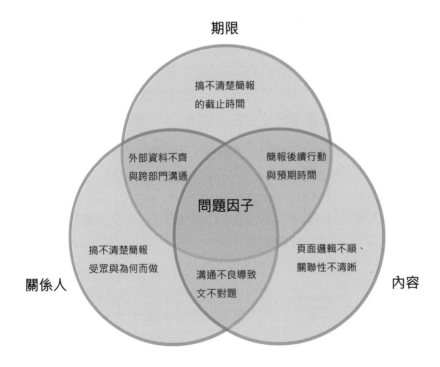

◆「期限」：搞不清楚簡報的截止時間

職場上的簡報通常都有時間的急迫性，而最需要注意的狀況，就是這份簡報需要在什麼時間內完成（以及預留修改的時間）。職場人所負責的專案都不會只有一項，所有專案的進行都是交錯時間同時前進，最後則依照截止時間來評估專案的輕重緩急。

影響簡報截止時間的另一項關鍵，則是老闆或上司的個性與做事習慣。當遇到製作簡報的指令後，詢問老闆或上司何時需要使用這份簡報時，可能會聽到「越快越好」、「你做好後就拿給我看」、「你先整理，我需要時再跟你說」這類模稜兩可的話，背後原因可能在於對方事務繁忙或要準備下一個會議，同時又需兼顧許多專案進行，因此確切的時間點無法確認，而身為簡報製作者的你，可能不認為此份簡報需求緊急，然後對談就結束了。

但可能在某一天的上午，突然被問到那份簡報完成了嗎？中間可能只間隔幾天或是自己剛好在忙其他專案，這份簡報又成為突如其來的任務，打亂了自己原先的排程進度；更糟糕的是，對於老闆或上司而言，已交代的任務卻還沒動作，認知的壞印象又添加了一筆。

◆「關係人」：搞不清楚簡報受眾是誰與為何而做

　　每次接到製作簡報的需求時，其背後一定會有一個或數個想要溝通的想法或想達成的目標，因此在製作簡報前，最該確認清楚的問題就是：「題目」是什麼？以及「為何而做」與「為誰而做」？

　　職場簡報最令人害怕的問題之一，就是簡報需求者與簡報製作者兩邊，其中有一邊並不清楚這份簡報是為何而做以及為誰而做？老闆或上司沒有傳達明確指令，而簡報製作者也沒有主動確認此份簡報的目的，就很容易產出無法達到設定目標的「無用簡報」。

　　例如：老闆需要製作一份推銷公司產品給客戶的簡報提案，希望能拿到一百萬的下單量。題目就是要「製作一份讓客戶看完後願意下單的簡報」，受眾對象是「客戶」，目的是「為了要讓客戶看完簡報後，願意下一百萬的單量」。

　　如果搞不清楚為何而做或不清楚目的，這份簡報就會變成「公司歷史與產品介紹」，不僅對客戶沒有吸引力，也可能變成只在討論價格，而沒有讓客戶接收到公司產品的優點。

　　例如：上司需要一份報告某專案企劃內容的簡報，希望能得

到老闆同意。題目就是「製作一份讓老闆看完後會同意執行的專案企劃」，受眾是「老闆與各部門高階主管」，目的是「老闆與眾主管都能認可的提案內容，不會產生疑慮並同意往下執行」。

　　如果搞不清楚受眾是誰與受眾的思考高度，這份簡報就會變成「企劃內容與細節執行報告」，而老闆真正在乎的是，此專案企劃能夠對於公司產生的實際效益、預計成本支出與重要的成果日期，而各部門主管只會在乎自己部門該如何配合、需要出動多少人力與獲得哪些績效等。

◆「內容」：頁面邏輯不順或關聯性不清晰

　　就職場簡報而言，清晰的邏輯脈絡是必要的基礎，如果連基本的內容頁面關聯性都有問題，或是簡報者自己也表達不清楚邏輯脈絡，受眾者更是會聽得一頭霧水。如果面對的是邏輯能力強的老闆或上司，可能連簡報都無法順利發表完成。

　　在會議發表時，如果簡報者無法清楚掌控簡報的邏輯脈絡，就很有可能遇到從第一頁開始報告時，儘管事先已演練排列好的頁面順序，但突然被老闆或上司打斷說不是要聽這個，而是要聽某些資料時，簡報者當下停頓後，就不知道該繼續說明原本的頁面，還是直接跳到後面，整個鋪陳的順序都會大亂而僵住。

　　甚至有時候會遇到製作簡報的盲點，例如太專注在思考製作簡報頁面的過程中，往往腦中會一直湧出其他想法：這樣表現比較好吧？用這樣的圖表應該更容易懂？導致花了很多時間完成後，卻忘記串連整份簡報的邏輯架構與頁面關聯性。

◆「期限」＋「關係人」：
製作簡報時外部資料不齊與跨部門溝通問題

　　接到大型簡報製作任務時，初期在盤點所需資料時，會遇到許多需要跨部門的資料整合，因此常常需要向各部門索取資料，而最容易發生問題之處，就是如果某部門給資料的時間延誤，就會影響到製作時間與內容串連。

　　因此在製作簡報前，腦中就要先開始清點所需要的資料，包含盤點手邊資料、整理消化時間與製作期限的回推，在進行跨部門溝通時，要讓所有部門朝同一個日期（簡報製作者規劃的日期）作為進度指標，並保留多餘的空檔時間。

　　進行跨部門溝通時，如果遇到某部門認為這份資料無法在期限內完成，就必需當場討論日期與時間的調整，在最短時間內確認資料內容是否完整，再回頭思考調整簡報內容。尤其是在與繪製圖面稿件的設計師或需抓取資料庫資料的工程師溝通時，更要確認對方的工作時程表，在最有限的時間內讓對方了

解狀況與截止日期。

◆「關係人」+「內容」：溝通不良導致文不對題

通常職場簡報發生的問題，都會出現在前期的溝通，導致後面產出的簡報成果不符合預期。因此在前期的溝通階段，包含會參與聆聽簡報的所有關係人都需要事先溝通。在職場上不只是決策者有能力決定專案，其他參與聆聽的各部門主管意見，更是可能左右簡報方向與是否過關的重點，如果沒有事先溝通好，都會影響到簡報的走向。

就簡報製作者而言，應該也很常遇到這種情況：

明明與上司當初溝通說要 A，但製作完後才說要 B 或 C，或是 A 延伸出的 A1 與 A2 等需求，結果最後繞了一圈還是選擇 A。遇到這種情況，簡報製作者常會產生情緒，並把事情重心放在「我已經這麼努力了，上司怎麼這麼多變，怎麼不早講清楚？」但重點根本不是在資料頁數的多寡或熬夜多辛苦的悶氣，單純只是沒有瞭解上司的需求而已。

如將上述情況加入雙方的認知思考後，就更能理解問題所在：

　　上司似乎說了 A 方向。（上司 OS：先從最快可以執行的方式或現有資源能夠達成的答案。）

　　結果做出 A 後，發現上司內心是想要 B 或 C。（上司OS：A 看起來可能不是最佳的解決選項。）

　　甚至馬上跳到 A 所延伸出的 A1 與 A2。（上司 OS：是不是有更好的解決辦法？）

　　結果最後繞了一圈還是選擇 A。（上司 OS：在眾多選項中還是選擇最有利的與有效益的方式。）

　　其實在這過程中，可以利用事先溝通與向上管理的技巧，讓製作簡報更順利。

◆「內容」＋「期限」：簡報後續行動與預期時間

　　職場簡報有一個很容易被忽略的問題，那就是職場簡報除了表達之外，還需要具有承先啟後的功能。在簡報報告結束後，需要引導受眾在思考上與後續行動上的方向為何？需要受眾決策什麼事情？預期完成的重要日期時程？

　　內部會議發表或與上司溝通的過程中，也會遇到明明資料圖表都準備完整，但上司看完簡報後問到「然後呢？」、「後續的行動是什麼？」、「預計什麼時間可以看到成果？」，因此如果沒有事先準備好合理的行動方向或策略思考，可能就無

法順利回答，也間接影響到專案進度。

　　職場簡報一定都有當初所設定的目的需要被達成，除了定期報告進度說明或固定報告格式更新之外，只要是新企劃、進行中的專案等，在每次報告進度更新時，都要傳達後續計畫方向、預計執行人力與整體時程規劃。

1.4

職場簡報的
主軸核心三階段

先溝通、再製作、後省思，是職場簡報的不二法門。

　　從上一節可以瞭解到職場簡報容易發生的問題類型，幾乎都集中在「關係人」、「期限」與「內容」三者。但其中最關鍵的變數因子就在於「關係人」。

　　「關係人」包含簡報製作者（自己或下屬）、簡報受眾（會議聆聽簡報者）與擬定簡報方向者（老闆或上司），而期限與內容需求都由關係人所決定，因此如何與所有關係人進行溝通，將是職場簡報的重點之一。

　　「先找到問題，我們再來討論解決哪些問題。」

　　在我的工作經驗中，曾經在與上司討論專案簡報提案時聽到這句話，其實這代表著目前簡報沒有達到要求或已偏移方向，而為什麼沒有達到要求，就是在前期的溝通方向產生偏差或謬誤、所設定的問題並沒有解決，或是所設定的問題並不是

最關鍵的問題，此時就必須回頭思考最初的目的，因此在前端就要保持「**先確認方向，才能知道如何往前進；先找到問題，再來討論解決哪些問題**」。

◆ 三階段完成一份成功的職場簡報

讓我們重新思考職場簡報的目的為何，不外乎是要在有限時間內完成溝通，藉由簡報達成所設定的目標或讓受眾產生認同。而每份簡報的背後，像是例行性業績報告、新專案企劃、某個疑問或問題的改善方針等，起因都是發生某些狀況，老闆或上司產生某些疑問或思考某項解決方案的需求，因此影響職場簡報的內容方向就在於簡報的「關係人」，藉由與關係人的溝通，延伸出一份成功的職場簡報，讓簡報成為一個雙向溝通的媒介。

1. 先溝通人

3. 再次省思

2. 後作簡報

製作一份成功的職場簡報核心分成三階段：**（務必）先溝通人，（思考）後做簡報，（完成）再次省思。**

第一階段：為什麼製作職場簡報之前，務必將溝通人的階段完成？

職場簡報的功能，就在於藉由溝通，引導受眾至所設定的預期目標（可能是同意、決策或選擇），這就達到使用簡報溝通的目的。只要能夠達成當初所設定的目的，即是一份成功的職場簡報。這中間溝通人的必要條件，就在於前期階段能夠掌握簡報需求者的目的，以及溝通其他簡報受眾的周全程度。

第二階段：在溝通人階段完成後，務必先行確認簡報內容所有資料、圖片與頁面素材皆已蒐集完成，自己也清楚簡報題目、目的與時間後，再開始進行簡報頁面的製作，並且在製作過程中，要隨時來回確認簡報題目、目標與如何達成的設定是否有所偏離。

第三階段：最後在完成職場簡報任務後，請務必再反思：為什麼這份簡報會過關或失敗？進行問題點的檢查與自我省思。一份職場簡報的成功或失敗因素，絕對不單純只是簡報內容好壞，而是對於關係人的痛點需求、簡報製作者個人的美

感、能力或經驗，簡報內容的用語要對誰說明，模擬客戶、老闆、上司或高階主管的思維與真正會遇到的問題，綜合成為影響職場簡報成敗的關鍵。

　　無論簡報內容是成功或失敗，我都會詢問簡報受眾的感受，以及認為可以改正的地方，累積每個職場角色的思考模式，對於下一個簡報製作將更有助益。

1.5

職場簡報最常見的
三種架構類型

「介紹型簡報」、「資料型簡報」、
「綜合型簡報」囊括了百分之八十的簡報類型。

　　在瞭解職場簡報的特徵、簡報與人的關係、容易遇到的問題面向以及核心後，相信正在閱讀此書的你，對於職場簡報已有初步的認知，而如果你已經有多年的簡報製作經驗，再結合以前的個人經驗，對於職場簡報概念將更加清晰。

　　扣除因個人職務或工作領域的特殊簡報類型，我將從各產業職場與公司的提案經驗中，集結最常見的簡報，區分成三個類別，分別為「介紹型簡報」、「資料型簡報」、「綜合型簡報」，三者幾乎囊括了百分之八十所遇過的職場簡報類型。

　　關於三種類型的細項內容，則會依照個人職階、產業類型、公司屬性而有些許差異，以下針對三者的基本特性做概略說明。

介紹型簡報	資料型簡報	綜合型簡報
如何形塑價值與展現未來潛力	如何找出問題與提出解決方式	如何達成目的與路徑引導設定

一、介紹型簡報：

只要是關於「介紹」企業、公司、個人、產品或服務給其他人，讓受眾能更清楚瞭解介紹的內容，皆隸屬於介紹型簡報的一環。

介紹型簡報通常是面對客戶提案或雙方合作的使用情境，簡報者將公司、產品或服務介紹給客戶，並針對客戶需求提供適合的產品或服務，或者是跨國型的外商公司，會向品牌經銷商介紹在地部門職掌與成果發表，以及新鮮人求職或申請學校、向公司投遞個人履歷，向面試主管介紹自己，展現個人價值與背景經驗的簡報，都涵括在介紹型簡報的範圍。

二、資料型簡報：

只要內容是針對「資料」呈現與說明，無論是外部市場數

據或公司內部資料，需要以圖表或條列文字方式呈現，都屬於資料型簡報。

包含針對公司內部進行過程或成果報告，例如專案成果報告、例行性業績報告、工作進度說明等，或是整理外部市場數據說明資料、競爭者調查十字定位圖、整合內外部資訊所產生的結論，以及針對專案提出未來的前進方向與解決方案等，都是屬於資料型簡報。

三、綜合型簡報：

簡報內容不只是需要「介紹」公司、團隊人力、產品等，也包含市場規模、相關數據等佐證「資料」呈現，最重要的是讓簡報達到當初所設定的目的，以及透過綜合型簡報引導路徑的設定。

在職場上常會遇到年度型計畫（例如預算報告）、各類型標案（例如政府相關單位）、跨部門專案（例如公司大型展覽）、面對客戶的業務提案（例如預算超過數百萬至千萬），或在其他場合有特定需求目的者，例如大型募資 Pitch、新創公司介紹簡報等，都是歸類在綜合型簡報的範疇內。

而介紹型簡報與資料型簡報兩者之間的差異，就在於前期資料的蒐集思維。**資料型簡報所準備範圍有可能只是一個議**

題、一個疑問、一個想法或一個結果的呈現，所以資料型簡報是圍繞在一個核心資料中去琢磨。但是介紹型簡報則偏向貫穿型的邏輯脈絡，利用一個主軸核心連結所有概念，類似於主幹與分支的發展脈絡。

　　綜合型簡報就可視為是結合介紹型與資料型簡報的版本，但架構不限於核心型或貫穿型，端看這份綜合型簡報所要達成的目的和受眾的需求為何，再將兩者的資料素材進行比重排列於簡報內容中。

1.6

簡報生態圈的三種組成構面

簡報不單純只是一個工具，而是一個簡報產業。

　　簡報應用無所不在，無論是職場、創業、就學、媒體等，都已經形成各式各樣的簡報使用環境。從簡報屬性區分，包括會議簡報、新創募資簡報、品牌發表會簡報、個人求職簡報、陌生提案簡報與相關企劃案等，依據產業類別，從醫界、商界、學界，都有符合其自身環境的內容與邏輯架構，再加上簡報製作者的個人背景經驗，最後綜合成為一份簡報的誕生。

　　結合現今科技與趨勢變化之下，簡報所形成的生態圈，主要由「軟體平台」、「硬體配件」與「互聯社群」三者所組成。

◆ 軟體平台的延伸

　　Microsoft PowerPoint、Apple Keynote 與 Google Slides，三者為目前為最廣為人知，且最多人使用的簡報軟

體。其他像是：Slidebean、Prezi、Knovio、PowToon、
Haiku Deck、Emaze 等線上簡報製作軟體也快速崛起，不只
是強調更快速、有效率與多人共享的簡報製作流程，更降低製
作產出一份專業簡報的門檻，而且隨之而來有更多免費的簡報
版型可提供下載套用。

◆ 硬體配件的發展

　　硬體配件部分則搭配電腦、平板與手機的操作介面與性能，在各種介面上都能讓觀看體驗享有最佳視覺感受，且在簡報發表或演說過程中，所需要的相關配件產業也一直推陳出新，例如像頁面控制器、投影機、場地等。

　　還記得二○一八年九月十二日的秋季蘋果發表會的前導影片嗎？由 Tom Kuntz 所指導，影片開頭由鏡頭帶出位在加州的賈伯斯劇院（Steve Jobs Theater），在發表會開始前的兩分三十八秒，搭配著熟悉的《不可能的任務》電影配樂，一位身穿灰色長袖並攜帶銀色手提箱的女性 Alison，快速奔跑前往某個地方，藉由運鏡帶領受眾觀看 Apple Park 的內外環境，耳朵配戴著 Air Pods 與尋求 Siri 的幫助找到答案，邊騎腳踏車邊看著 Apple Watch 活動紀錄，最後利用後台門禁，讓 Kevin Lynch 展示 Apple Watch 個人化與智慧化的功能，最後讓 Alison 得以順利進入後台，由 Tim Cook 打開神祕行李箱，裡面是一個控制器。儘管只是一個開頭的接續橋段，但也說明著輔助簡報的重要角色。

◆ 互聯社群的擴散

　　「互聯社群」部分，最重要的就是關於簡報的相關社群、團體與教學課程等，不再只是垂直式的深入發展，而是水平性的擴散連結，從點、線逐漸連結至面，也成為簡報加速傳播的途徑。

　　一個生態鏈的形成，除了簡報相關軟體與硬體的基礎市場發展之外，更重要的是**「如何擴散至消費者端的途徑，以及可立即被應用的市場規模」**。

　　近來與簡報相關的公司行號、專業人士、社群團體、討論群組、宣傳媒體、教學演講與學校課程等都日益擴大，有專門進行簡報輔導、簡報策略與企劃執行、企業內訓、提供簡報版型服務等，而且不只是能在職場上使用，同時延伸到校園，從葉丙成教授在台大所開設的「簡報製作與表達」課程，到其他線上簡報教學課程與相關簡報競賽等，都代表簡報已經向下紮根與平行串連。

　　無論是各產業的職場工作者、新創業者、學生都可以利用簡報來發聲，並獲得更多關注，利用簡報獲得投資者的資金挹注、呈現個人的經歷與潛力、獲得老闆的支持、獲得提案合作的機會、獲得受眾的支持等，中間有非常多的市場契機與消費的可能性，同時又可以與大眾的日常工作連結在一起，相信簡報生態圈的發展將會越來越蓬勃。

1.7

從國家、品牌、產業
三者來看簡報思維表達

透過國家、文化、市場差異，
都能找到值得學習的簡報內容。

　　「簡報」其實是一個概括名詞，它包含職場上或創業公司都有可能會使用到的「發聲」方式，它也是傳遞資訊的一種形式。部分人可能認為簡報就是利用 PowerPoint 或 Keynote 軟體製作，就是一頁接一頁的結果。但這些都只是簡報所呈現出來的視覺形式而已。

　　讓我們重新用全球市場來看「簡報」這件事情。

　　簡報呈現的邏輯架構、排版風格與內容形式，會因為國家、產業、品牌因素而形成極大差異，包括所面對的文化衝擊、市場差異與受眾世代。但所延續下來的內容，都有其值得學習與思考的細節。

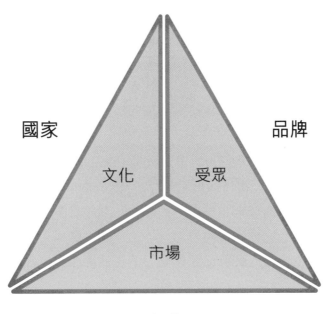

◆ 訓練職場簡報敏感度的參考教材

　　我非常喜歡觀看TED Talks、SlideShare 、Linkedin Learning、一席、SELF格致論道等，來看國家端、產業端與品牌端的簡報發表類型，並學習其邏輯架構與說明順序。

　　在公開資料中，所能接觸到具有國際性簡報相關媒體就非 TED Talks 莫屬，裡面包含各式議題、文化、生活與價值觀。除了觀看 TED Talks 之外，建議還可以多去瞭解 SlideShare 網站內的各種簡報類型，尤其是代表公司品牌的簡報或產品介紹簡報、每日頭條影片與研討會簡報等，都是訓練職場簡報敏感度的好教材。

　　從 SlideShare 網站每日重要新聞（Daily Top Headlines），一次一分鐘（依照當日的則數調整），講一個事件約十五秒（看影片長度就知道幾則重點），重點一句話（最多兩句話），每則訊息可以看完標題後再思考幾秒的空間，職場人可參考平日觀看的感受，帶入到自己製作簡報演說的細節內，都是值得參考的經驗。

　　另外針對職場上的簡報相關素材，也可以從職場人常聚集的網站來學習，例如二〇〇三年上線的 Linkedin，它不單純只是職缺與個人履歷網站，我非常建議瀏覽 Linkedin Learning，它是創意、技術、商業相關線上課程平台，內容分成初學、中間與進階，形式包含各種軟體教學、各式設計學習資訊、商業發展、主管領導等商業議題，甚至有音樂課程教學等，呈現方式簡單易懂，都是非常值得學習的案例。

◆ 同一個概念放在不同市場端，就會有所差異

　　一個講述趨勢的簡報內容，也會依據各國家市場的需求做調整，同一個概念，在不同市場會呈現不同的簡報風格，例如「新零售」產業概念，中國品牌與美國品牌談的就是完全不同的商業模式，從 Amazon Go 與阿里巴巴談新零售概念與所發展的產品系列，是依照在地市場的商業模式、消費者居住場域到科技的接地氣發展，就可以看出其差異性，以及如何用消費者的語言來介紹全新的零售體驗。

　　而一個趨勢的形成，其中一定集結諸多面向的市場資訊，再由數據實證與消費者行為演變分析後成為現象。有些趨勢脈絡是專門由一個團隊共同研究的結果，這時候所呈現出來的簡報就會像是一份綜合型簡報，包含團隊介紹、邏輯脈絡、趨勢緣由、數據分析到未來可能演變的方向，再結合固定字型、選色與排列組合。

　　而在沒人說明的狀況下，讀完這份數十頁的簡報後，自己如果能夠瞭解其脈絡與重點，就代表簡報的陳述是相當值得學習的；反之，在看完簡報後卻無法產生記憶或搞不清楚邏輯脈絡，則可以再思考中間的問題環節。

第二章

介紹型簡報談的是
「如何形塑價值與展現潛力」

2.1

介紹型簡報的組成條件

經由過去的經歷形成現在的價值，間接展現未來潛力。

　　介紹型簡報，顧名思義是具備「介紹」的功能，內容包含公司、個人、產品或服務，目的是藉由簡報讓受眾能更瞭解其內容。

　　因應職場上的需求，介紹型簡報又延伸出各種細項類型，可能是使用於初次見面介紹，讓客戶在短時間內，從零至一地瞭解公司或服務過程，或是將公司資訊結合產品或服務的介紹型簡報提案，前段講述公司的優勢與價值以對應符合客戶規模，後段則專注在解決客戶的問題與滿足其需求。

　　還有一種是藉由介紹型簡報，展現產品或服務未來的市場潛力與投資價值，來獲得投資人或客戶的青睞等。

　　除了介紹的基礎功能之外，更隱含了介紹之後的橋段鋪陳來展現價值，並依照客戶的情況來決定故事內容。如果是初次見面，思考的就是如何獲得好感與展現出關鍵的價值所在，如果是二次見面所使用的介紹型簡報（通常會有重要的決策者參

與），就會加上初次溝通的問題鋪陳與痛點需求，每一次的介紹型簡報內容，也都會隨著需求進行調整。

◆ 介紹型簡報的內容時間排序

　　介紹型簡報的邏輯脈絡與架構資料，則是以可被蒐集到與被使用的圖文資料，調整順序成為適合的內容架構。**其基礎內容資料依照時間排序，分成過去（經歷）、現在（價值）、未來（潛力）三個區塊**，皆可適用於介紹公司、品牌、部門、產品、人或服務，其目標在於讓受眾在看完此份簡報後，能快速了解其內容或因為打中某些痛點而產生需求。

　　以下針對介紹型簡報內容，對於過去、現在、未來資料進行細節說明。

如何透過經歷與價值表現潛力

一、過去（經歷）：

無論是介紹公司、產品、人或服務，都會隨著時間的累積成為基礎。例如人的成長歷程，在面對不同環境歷練下所形成的個人經驗。公司經歷市場洗滌而產生重大轉型或變動，如研發新產品與拓展新型服務模式，隨著時代演變，結合新科技與消費者生活習慣改變而進入新的市場缺口等，過去所發生的資料就會形成經歷的基礎。

二、現在（價值）：

經由過去基礎延伸成為現在，此階段就會產生過去累積的成果。

何謂累積的成果？如果是關於人的介紹型簡報，因為過去的就學經歷與成長背景，形成現在的自己，包括個人的思維、價值觀、表達能力、專長技術與心智成熟度，就成為價值所在。

如果是公司產品或服務，則是依據公司的歷史沿革與合作經驗，讓產品或服務能夠被市場與消費者接受，並能夠產生利潤得以在市場上存活，這個階段就會產生價值（產品價值或服務價值）。

三、未來（潛力）：

未來（潛力）是較難被視覺化表現出來，但也是最重要的

部分，即利用過去與現況資料，展現出未來的潛力與價值（利用其他表現手法，促使受眾去想像、**觸發**與預測的感受）。

◆ 介紹型簡報重點在於展現出潛力與價值

製作介紹型簡報時，通常都是準備過去（經歷）與現在（價值）的資料，很多時候會著墨在消化過去的資料內容，進行整理並放入簡報，因此很容易成為一份標準的「介紹用簡報」。**一份好的介紹型簡報，最重要的心思應該著墨在如何透過過去（經歷）與現在（價值），去表現出未來（潛力）或達到當初所設定的目標。**

關於表現未來（潛力），職場人可能會有疑慮，感覺未來（潛力）無法被視覺化或實質化，無論是品牌、產品、服務或人，若是沒有實質資訊，那要如何視覺化？但其實可以透過其他面向與視覺手法來間接展現出潛力。

例如，表現產品未來的趨勢，通常會使用業績或出貨量的持續上升曲線，證明未來有持續往上的感受，可參考類似股票的趨勢線，過去五年平均每年上升百分之五（講過去的經歷），今年度下半季業績預期會有百分之二點五的成長空間（因過去累積成為現況），針對明年度或三年內，預期再成長百分之五

至十的利潤空間（談未來的想像潛力）；或是藉由市場佈局，投資具有潛力的產品或服務、透過串連集團生態鏈，拉大和競爭者的差異，引導出讓人可以感覺到的潛力價值。

　　例如，初入職場面試時，該如何展現出個人的未來潛力呢？這時便可以藉由突顯其他面向，從過去面對某些挫折所產生的「正向態度」印象、對於學習其他領域的「求知若渴」、對於周遭環境具有敏銳的「細節觀察」、透過壯遊展現對世界的「好奇心」等，讓未來可能的合作模式與合作關係具體化，就會成為潛力參考指標。

　　如果換成是品牌或產品，則可以集結整合內部資料與外部市場資訊，由市場規模、發展趨勢、合作生態、業績成長等因素來展現出可被想像的潛力。

2.2

看完介紹型簡報後，
想要讓受眾的感受為何？

介紹型簡報的目的，就是要讓受眾瞭解，
並產生需要、想要或必要的感覺。

　　只要是關於「介紹」公司、品牌、部門、產品、人或服務
給其他受眾，都屬於介紹型簡報的範疇，如果沒有達到當初所
設定的目的，就不能算是一份成功的介紹型簡報。但介紹型簡
報真正的目的或核心價值是什麼？且讓我們由後往前推，從受
眾感受開始談起。

　　製作介紹型簡報是為了讓受眾獲得什麼訊息？產生什麼感
受？或是引導什麼後續的動作？在製作介紹型簡報前，應該先
思考看完這份簡報後的預期目標，這樣就會串起頁面的邏輯架
構和順序鋪陳。

◆ 介紹型簡報真正的核心價值為何

　　還記得簡報的軸心為何嗎？**（務必）先溝通人，（思考）後做簡報，（完成）再次省思。**如果製作介紹型簡報之前，在溝通人的階段，能夠把對方苦惱或欲解決的問題直接連結到對方想達成的目標與答案，並且使用簡報淺顯易懂地表達出來，這就成為對方為什麼要找你的原因。

　　但如果在沒有前期溝通的情況下，就要製作介紹型簡報給對方，請務必思考為什麼對方要找你或聆聽你的簡報？對方的背景、目的與想法方向可能是什麼？因此**引導對方的需求和痛點，會是決定介紹型簡報是否能擊中目標的關鍵。**

　　如果是主動向客戶提案的狀況下，請務必思考你為什麼要找對方？希望對方聽完你的介紹型簡報後產生什麼想法？

　　很多人在製作介紹型簡報時，會有把它當成真的是在「介紹」的迷思。切記**介紹型簡報真正的核心價值，在於簡報介紹完後會在對方心裡產生其他想法**，就像是把一顆石頭（簡報者傳達簡報內容）丟入水中（對方的思維）後，水面產生漣漪（正向的感受或更多其他的想法）。

　　使用另一種角色比喻，就如同單身的你（客戶、受眾）看到一位心儀的對象（簡報內容），從言談、思考、舉止（過去

＆現在），會引發想像之後在一起的畫面或生活（未來），進而內心產生「就是對方了」的心態（結論）。

◆ 思考市場行銷的三種「要」

市場行銷管理學中，常談到如何引發目標客群的三種層次需求，分別為需要（Need）、想要（Want）、必要（Demand）。

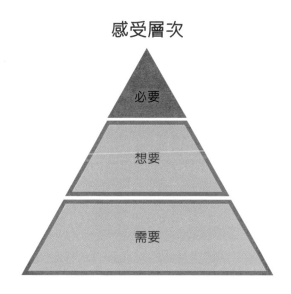

感受層次

必要

想要

需要

前期在思考介紹型簡報時，身為簡報製作者或發表者的你，想要讓受眾聆聽完後有什麼樣的感受（在製作過程中也要隨時思考）？希望受眾聆聽完後，內心會產生什麼層次的想法？例如受眾可能需要你，受眾想要你，或是受眾一定要你？

在產品的介紹型簡報中，現況都是因為受眾遇到某些問題而產生痛點需求，透過介紹型簡報，傳達產品能夠解決這個問題或滿足其他需求，因此在聽完介紹型簡報後，通常會讓受眾產生三種感受：

① 我需要類似這種產品來解決問題，但不一定是採用你們的產品。

② 我想你們的產品可以幫我解決問題。

③ 對！我就是要你們的產品來解決我的問題。

如果是關於人的介紹型簡報，例如公司面試或學校複試，要將自己推薦給對方，透過介紹型簡報，通常會讓面試主管或學校教授產生三種感受：

① 我們有三個職缺（或學生名額），再尋找看看是否有適合的人。

② 我們有意願想要你進來公司（或學校）。

③ 你就是我們要找的最適合人選，請務必選擇敝公司（或

這間學校）。

如果是提供服務的介紹型簡報，尤其是沒有硬體，只有軟體或新型的服務類別，例如物流、外送、醫療與生活服務等，則有可能讓受眾感覺：

① 嗯？這跟我完全沒關係，而且無法真正解決問題，好像又延伸出更多問題。

② 喔，這個很有趣，好像可以嘗試。但還是等等其他人使用的心得情況再說。

③ 對！我一直有這種困擾，有這個會讓使用上更方便，我要立即購買試試看。

請各位先回頭思考從前製作的介紹型簡報、外部廠商提案的介紹型簡報、市場上新型服務的網站或廣告介紹，觀看完後，思考自己對於這些商品或服務，是感覺需要、想要或必要的哪一種層次感受。

2.3

溝通時的第一要務
是找出簡報背後的成因

唯獨在簡報內容講出對方的痛點或迫切需求，
才會有被信任與說服的點存在。

　　在聆聽完介紹型簡報後，要達到讓受眾有必要（Demand）
的感受，前提是在溝通人的階段，務必了解為什麼對方要聽你
簡報的理由？為什麼是找你？你可以解決什麼類型的問題？過
程中一定要思考對方的痛點、所遇到的問題層面、是否有其他
考量的細節因素等，因此在前端溝通人的階段，就是串起整份
介紹型簡報的主要訴求。

　　如果沒有辦法在前期溝通中，真正了解對方的痛點所在或
迫切的問題需求，簡報內容就會停留在很粗淺的程度、失焦或
對不到受眾的頻率，儘管簡報內容準備相當豐富，但只會發現
對方好像沒什麼感覺。

　　但要如何找出對方的痛點需求？除了與對方討論所面臨的
問題之外，如果是面對職場上的受眾，可參考的因素還包含對

方的職位階級、公司組織、專案決策者個性、思考模式與習慣、公司文化與內部流程等，因為有時候不會只有對方所發現的問題，還會有許多**「職場上的隱藏痛點」**，例如預算考量、組織推動與計畫排程等，因此只要把資訊持續累加上去，就可作為全面性的鋪陳痛點和解決需求的簡報。

而**如果是介紹產品或服務給一般消費者，除了需要淺顯易懂的措辭與表達外，更需要觀察客群年齡層、價值觀與結合外在環境因素的考量**，上述條件就需要透過各種方式去獲得，就像搜尋市場定位時，累積越多外在條件的資訊，將更能全面性的確認在市場的位置。

◆ 如何找出對方可能的隱藏痛點

第一種方式為找尋網路上的可用相關資訊（二手公開資訊）。包含對方公司相關新聞稿、財報、社群媒體、活動或公開展覽等，都能找尋到關於客戶在市場上的相關公開資訊，通常會看到主要大方向的趨勢或預期營收目標等。

第二種則是透過電話詢問客戶或面對面瞭解需求（一手私密資訊）。透過電話或見面聊天方式，是最能找出其中的關鍵痛點與隱藏需求，藉由各種題目引導出對方講出真正的問題所在。而詢問的問題，最好是在做好公開資料的功課後再對照比

較，將更能找出其中的矛盾點。

　　第三種方式可透過觀察市場上其他相同客群，並在市場上成功的產業類型之間做比較，藉由競爭者或隱藏競爭者（飯店的隱藏競爭者不是其他飯店，而是 Airbnb 這種非同型態競爭，但客群是相同的類型者）的比較，結合整體的市場環境觀察，

二手公開資訊　　找尋網路上的可用相關資訊，包含對方公司相關新聞稿、財報、社群媒體、活動或公開展覽等。

一手私密資訊　　透過電話詢問客戶或面對面瞭解需求，是最能找出其中的關鍵痛點與隱藏需求。

競爭調查資料　　藉由競爭者比較與整體的市場環境觀察，更能找出消費者認知感受或其他競爭產業發展方向。

更能找出對於此種產品或服務，消費者認知感受或其他競爭產業發展方向為何。

　　例如，主動開發客戶或接到客戶委託，要到客戶公司介紹自己的品牌、產品或服務時，通常初步都先從接洽窗口（或最高階決策者）做簡易的連絡討論，確認為什麼找我們？怎麼找到我們？目前遇到的問題是什麼？決策者通常注重的議題是什麼？之前是否也有尋找過其他解決方式？最後成果如何？在詢問的階段上要讓自己彷彿是對方公司的人員，盡量熟知所有可能的細節。

◆ 尋找相似競爭者或產業的市場方向

　　快速將簡報的方向確認、目標訂定、決策思維大致了解之後，再來尋找網路上的可用資訊，包含網站、發佈新聞稿希望往什麼方向前進，尋找出相關競爭者範圍。

　　競爭者不一定要尋找同產業類型，只要站在消費者的立場，想像遇到同樣問題時，會想要尋找的答案類型，就像走到一整排美食街，雖然有日本料理、韓式料理、義大利麵、速食業者等屬性完全不同的餐廳，但消費者一次就只能選擇一種，這時候所定義的競爭者就不是同為賣日本料理的門市，而是如何從一整排餐廳勝出獲選的思維考量，綜合上述資料之後，再

與窗口做一次面對面的詳細問答，將簡報所要準備的內容一次補齊。

　　如果是想考取某學校的介紹型（人）簡報，學校科系教授最主要的目的一定是希望找到有潛力與有發展性的學生，尤其高中、大學都是希冀招收到有潛力的學生，而在職專班或MBA、EMBA則是希望具有一定的社會歷練（包含人脈與職位）。

　　這種當然無法在前期與學校面試官討論，所以一開始的方向都是先搜尋網路上的可用二手資訊，包含學校的網站風格、新聞稿關注焦點與重點發展方向等，從這邊就可以看出公司或學校特色、風格文化與屬於什麼類型。

　　再者要到學校面談，除了從學校風格（是偏重國際接軌、爭取獎項的文化或注重業界的接軌經驗等）、對外新聞稿內容偏向什麼範圍，甚至尋找已畢業學長姐面談的經驗，綜合上述條件之後，再思考如何展現出個人的差異化，讓學校可以感受到自己的價值所在。

　　對於職場人而言，最常遇到轉職或面試某產業職位。首先就要關注相關市場議題與發展特色、公司所面對的市場挑戰與市場規模的預估（以上資料，面試越高階者越需要準備自我的

見解），都會成為重要的參考依據。

　　再者是找尋之前在產業界待過的人，透過詢問，獲得第一手的經驗資訊，到底需求的人才需要具備什麼心理素質？有可能是上班時間會「較長」，「英文」溝通能力是基本，認清「即將進入的部門」在公司所扮演的角色類型，或是預期自己作為人才的條件等，請務必在面試時預先做好心理建設，所回覆的答案都會隱性的符合對方的痛點需求。

2.4

簡報內容
要幫助釐清為什麼，
而不是推銷

透過簡報讓對方思考自己到底需要什麼，
以及能得到什麼。

　　職場上最常見的介紹型簡報就屬業務提案型簡報。常遇到
職場人（業務端）在使用介紹型簡報時，都會著重在介紹「內
容」，花了一堆時間說明產品內容很好、公司服務最棒、消費
者滿意度很高等的單向資訊說明，卻沒有釐清對方到底在意的
要點是什麼。

　　例如，長輩想購買一台電腦使用，業務一股腦地說明
CPU、硬碟容量與配備精良，但長輩只是需要一台可以上網
與帶出門輕便的電腦就好，甚至長輩需要的不只是一台電腦，
而是可以為自己處理問題，不用麻煩兒孫幫忙的後端服務。

　　例如，已婚女性客群選購一台車，業務一直談馬力CC數、
底盤製作、車體線條多流線，但已婚女性客群可能更在意的是

餅乾屑掉到椅縫中該怎麼清理，以及業務是否真的有察覺或關心客戶的心情。

　　有些人會問到，在製作介紹型簡報前期，最佳的狀況當然是透過接觸客戶討論來準備簡報內容。但如果是客戶遇到無法解決的問題，也在尋找最佳的解決方案時，或是客戶根本不知道自己到底遇到什麼問題，也不知道該如何進行下一步；甚至是自己臨時被老闆或上司交辦，要製作明天上午的公司產品或服務的介紹型簡報，但自己卻沒有客戶的任何資訊；與對方提供的窗口溝通後，發現對方不是主要決策者或執行端人員，只是負責約定日期或時間的窗口……如果遇到以上狀況該如何是好？

　　針對上述情形，再來就要談介紹型簡報更深一層的功能。除了透過「介紹」讓對方瞭解、讓對方內心「產生漣漪」的感受之外，另外一件**隱含的重要因子就是「探測」對方的思維**，也就是類似於會前會（在正式會議之前，先進行可能的對焦與方向討論）的概念，藉由介紹型簡報內容當成話題討論與問題測試，讓受眾針對簡報內容與疑問一一回應，找出對方內心真正的疑問，並釐清疑問背後的真相，再針對所提出的回應，彙整作為下一次的簡報調整方向參考，其完整說明如次頁圖所示。

◆ 藉由「探測」來釐清對方的想法

　　職場上的探測方式，不一定需要使用簡報，藉由初次會議直接進行提問，釐清雙方的問題或盲點都可以達成。但這樣的問答對應，有時候需要具備多年的養成與經驗，比較適合已有多年專業經驗的職場人，已經能夠完整掌握整體脈絡，也幾乎能回答客戶端所遇到的難題、案例參考與預想可能的方向。

　　如果是經驗不足的職場人或新鮮人，則可藉由簡報圖文頁面，說明其他市場競爭者的定位比較、現今社會趨勢、產業共同面對的問題等，同樣可以引導出客戶釐清疑問與思考真正的需求為何。

　　有些大型募資 Pitch 的介紹型簡報，對外可能只有一次機會，但多數情況下，職場合作關係不會只有一次，而是透過多次的溝通與方向調整，最後才達到符合對方需要的簡報內容（當然第一次的簡報介紹關係著是否有下一次的機會），因

此在前期提到先溝通人的痛點需求，藉由對方看完介紹型簡報後，所詢問的問題與討論的議題發展方向，再來檢視簡報內容進行調整。

　　介紹型簡報所隱含的「探測」功能，不只是讓簡報者瞭解對方的思考與所面臨的問題，更重要的目的在於「幫助釐清對方的思考」，並且讓對方明白自己到底需要什麼，以及所遇到的問題與哪些問題才是該解決的。

　　有時候客戶根本不知道這個問題該怎麼解決，或是找誰才可以解決，甚至不知道哪個才是真正的問題點，而藉由簡報內容提問，來探測出對方的思維邏輯與實際面臨的問題，再提供適當的選項，甚至加上客戶原先沒有考慮進去的附加價值，這時候介紹型簡報已達到探測的目的，也會在客戶的心中產生漣漪。

◆ 客戶在乎的永遠只有「和客戶有關的事情」

　　介紹型簡報還有一個重點，那就是到底對方在聆聽完簡報後能獲得什麼好處？

　　建議可以多使用條列或重點方式，強調與客戶有關係的亮點，例如公司的介紹型簡報，很常出現某一頁放公司年代歷

史、某一頁放公司創辦人介紹、某一頁放公司所有客戶列表，其他頁面幾乎都放公司的產品功能，就像把目錄內容直接複製貼到簡報頁面上。但實際上客戶真正在乎的永遠只有「**和客戶有關的事情**」，可能包括後續的服務、理賠、保固等。

　　如果某個年代里程碑與客戶可能的疑慮有關，就可以加大重點視覺提醒，有時候公司會放一堆曾經合作過的客戶名單，但與公司合作過的品牌名單，應該著重在幾個最知名，或和客戶的經營模式有相關的品牌（這是版面設計的觀念，放了所有重點就是沒有重點，除非是要表現與我們合作過的客戶數量與經驗豐富），因此在內容取捨上，要站在客戶的立場去思考，到底什麼內容才是真正重要的訊息。

2.5

簡報受眾的
思考起點至終點軸線

假裝你是客戶,請從頭看一遍,是否能說服自己,
如果不行就從頭找出問題。

要製作一份真正有效的介紹型簡報,除了長期製作經驗的積累之外,最重要的心法就是「**換位思考**」。

永遠都要從簡報受眾的角度重新思考簡報內容,受眾的「思考邏輯路徑」是什麼?什麼樣的內容讓受眾有感?什麼樣的文字、圖片才能說服受眾?什麼樣的口述邏輯才符合對方預期?什麼樣的職位會注意什麼方向?都是可以換位思考的基點。

每位老闆或上司的背景經驗、做事習慣、思考習慣都不相同,有些思考模式是如直線型的一個問題搭配一個解決方法,或是習慣想很多不同的方案來確認最佳答案,也有可能在討論的過程中,邏輯思考與層次廣泛,想到什麼就講什麼,沒有針對特定事情提出見解。而通常平行的職位,其思考邏輯、公

直線型

迴轉型

跳動型

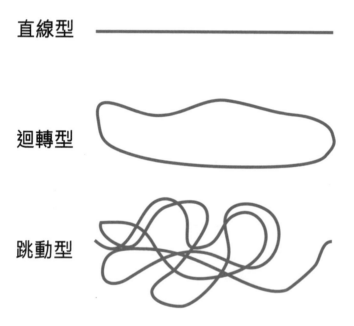

司處境或價值觀會較為接近，這可從會議中的參與受眾略知一二。公司一線員工通常是執行者，只談可執行細節；一、二階主管通常是執行負責人與成效責任者；老闆或高階主管則談策略大方向與長期合作的願景等。如果職場人本身職位與要說服的目標對象差異很大，請務必練習思考與嘗試往上看更高層次的視野。

◆ 惟有換位思考才有可能打中對方的需求

　　市場上常看到舊世代的思維想打入年輕世代市場的廣告案例，但兩者的生活與行動思維大不相同，如果沒有使用正確的途徑，調查年輕世代的思考邏輯、生活模式或趨勢時，就很難打中痛點需求。

　　例如，利用電視廣告想要打中重度使用手機的青少年族群，等於是無用的廣告，或是從台灣特有的選舉宣傳行銷中，都能看出所支持的目標族群接受資訊的差異性，因此在思考與製作簡報的階段，必須使用換位思考的思維模式來檢視。

　　那麼，如何使用換位思考的角度來檢視介紹型簡報呢？

　　在初步完成介紹型簡報內容後，如果時間還夠，儘管只有一個下午或繳交期限前一天都好，這段時間建議職場人將自己催眠成客戶，從模仿客戶開始，告訴自己是誰、什麼職位，目前遇到這樣的問題，看到廠商提供這份簡報，你在看每一頁的感受是什麼？以及讀完簡報後有沒有讓自己心動？會不會覺得這份簡報真的打動到你？透過這種方式就能夠很快加強換位思考的練習。

　　如果今日要對客戶進行介紹型簡報說明，對方前來開會的職級是中階主管與執行下屬，請職場人打從心底說服自己就是

代表對方公司的中階主管，並思考公司的中階主管，在看完自己所製作的這份介紹型簡報後，會執行哪些動作。

　　例如，回去後必須簡要地報告給主管的上司瞭解、需要安排下屬的執行時間與確認聯絡窗口等，因此在簡報內容上，就要多著墨如何簡潔快速地描述其效益與價值，並先將可能的日期時程安排好，解決中階主管的功課。

　　如果對方是總經理或具決策能力的高階主管，介紹型簡報內容架構，就要將花多少預算、達成效益與其他客戶合作的成功價值放大，先讓決策者內心產生放心、確認方向或此策略可行的「感覺」就可以，再來就要加強能夠達成與解決實質問題的效益，而執行細節就可以淡化，只需要談目標時程、相關預算與確認內容方向。**在不同受眾的狀況下，介紹型簡報內容、排序、重點就完全不同。**

◆ 從「簡報製作者」進化到「簡報策略者」

　　當職場人在製作簡報時，如果能夠轉換自如地改變思考高度，相信透過換位思考的過程中，能夠將簡報所陳述的廣度與深度都更往上一個層次，讓職場人不只是一位「簡報製作者」，而是一位「簡報策略者」。

　　兩者的差異就在於簡報製作者是將簡報頁面製作出來，但

提升到簡報策略者階段，思考的是在短短數十分鐘的時間內，埋入簡報內容的伏筆、層次與邏輯脈絡，打中客戶的內心，讓自己所製作的簡報提案具說服力，與其他人的簡報內容差異立判高下。

例如在職場上，老闆或上司告知需要準備公司某產品資料簡報給客戶，簡報製作者就會製作出某產品說明與規格的簡報頁面，可能一或兩頁就結束這個簡報需求。但如果換成簡報策略者，就會開始思考這份簡報所產生的可能情境為何，老闆要面對客戶，只會談這一項產品嗎？客戶對於公司瞭解嗎？會不會有其他的產品合作機會？萬一這個產品不符合客戶需求，我們要提出什麼對策？因此簡報策略者對於簡報的功用，就會從加入簡易的公司介紹、產品線系列至主產品介紹，以及在附件中加入其他產品的說明頁面，但不一定會出現在簡報中，而是等到言談中突然講到另一個產品，就可以馬上看到簡報畫面，這樣就能看出簡報製作者與簡報策略者的差異。

再舉服務業的常見案例，來描述「製作者」與「策略者」的概念。

在餐廳吃飯時，遇到某桌嬰孩大聲哭鬧，同桌的母親一邊安撫嬰孩，一邊急著吃完，但因為嬰孩的哭聲使得鄰桌的客人

都在看，有些人表情感到厭惡與煩躁，甚至跟這位母親說請她帶嬰孩出去，不要打擾到其他客人用餐時，這時候店員該怎麼處理？

如果是如「製作者」思維的店員，就是依照餐廳規定，請這位母親離開餐廳，或是請她趕快安撫嬰孩，不要打擾其他客人用餐。

但如果換成是「策略者」思維的店員，經過換位思考後，身為一位母親就是想吃完這頓飯，但要安撫嬰孩，又怕吵到其他桌客人，所呈現的三方需求就是如何達成？解決的方式可以是提供一個包廂給這位母親，請她在店內安心用餐，不用擔心其他客人，貼心地提供小玩具來安撫嬰孩，在安頓好母親用餐後，可提供小點心，請其他桌客人享用作為補償，來完成服務。

在思考簡報內容時，若能持續地進行換位思考，對於簡報內容頁面文字、圖片、邏輯、脈絡的敏感度適時地調整修正，相信在經過多次訓練後，就能體會自己所製作的簡報，將能為聆聽簡報的受眾帶來什麼影響。

2.6

介紹型簡報真正的
引導順序

思考步驟順序很重要，
從為什麼、如何做到做什麼。

　　此章節將討論介紹型簡報的鋪陳順序，如何增加對於受眾的影響程度與說服力道，以及是否能讓受眾打從心底認同而願意買單的感受，尤其是講品牌、服務與產品介紹上，更是需要去思考如何鋪陳故事。

　　在製作介紹型簡報的流程中，將手邊相關資料進行搜集與彙整，通常會依照時間區分成過去、現在的資料，再思考依據現有資料內容調整順序。

　　一般介紹型簡報會著墨在產品、服務的功能介紹，整份簡報像在講解產品功能手冊，逐一介紹 A 功能和其優點、B 功能和其優點，導致受眾的思考只專注在產品或服務上的功能好壞，侷限在依據功能好壞來判斷與其他類似產品或服務的比

較，對於聆聽簡報後，完全沒有任何記憶點與感動點。因此在製作介紹型簡報時，**「如何逐步地帶領受眾進入簡報，就是介紹型簡報的精髓所在」**。

在介紹型簡報中，如何帶領受眾進入簡報的故事，以及讓受眾在聽完簡報後，產生記憶點的目標，就要先談為什麼這個產品或服務出現的原因（Why）與如何達成的路徑（How），最後再提產品或服務的順序（What）。

賽門・西奈克（Simon Sinek）著作《先問，為什麼？》（天下雜誌出版），以及他在 TED 的演講（題目為 *How great leaders inspire action*），提到所謂的黃金圈（Golden Circle）概念，此概念說明只要改變陳述順序的邏輯架構，就會產生完全不同的效果，敘述的邏輯順序則由為什麼（Why）開始，貫穿整個簡報的主軸核心，再來延伸至如何達成（How）與最後的結果（What）的流程，而三者的關聯與描述，如右圖所示。

Why：這份介紹型簡報要介紹的主軸核心？背後的理由為何？

How：在這個主軸核心之下，要怎麼達成目的？中間的過程演變為何？

What：經由主軸核心和過程後，產出的結果是什麼？如何呼應前面的主軸核心？

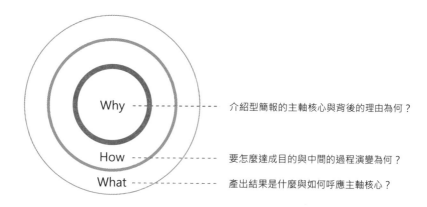

Why ------- 介紹型簡報的主軸核心與背後的理由為何？

How ------- 要怎麼達成目的與中間的過程演變為何？

What ------- 產出結果是什麼與如何呼應主軸核心？

◆ **為什麼（Why）：**
沒有什麼比為什麼（Why）更能產生差異，
也是說服對方為什麼要接受的重要理由

　　無論是在實體商店或網路購物，消費者在選購商品時，如果只是因為被廣告傳單中的產品規格或低價銷售所驅動，常常就會發生一個狀況：消費者在購買的路徑中，很容易受到市場上其他競爭者的比較，促使消費者轉往其他更強的規格或更低價的競品，尤其以生活消費品項或是沒有經營品牌的產業類別更是如此。

　　例如，消費者看到廣告宣傳單上，某衛生紙品牌販售十包一百元，一包有二百抽，平均下來一張衛生紙是零點零五元，消費者覺得便宜並前往賣場想購買，卻發現放在旁邊的另一品牌衛生紙，平均單價竟比宣傳單上原衛生紙品牌更便宜零點零零五元，儘管當初設定是要購買宣傳單上的衛生紙，但只因為零點零零五元的差異，就轉買另一品牌衛生紙。此時，對消費者而言，推動購買的力量是「價格」，所引發的思考點是反正只要買到最便宜的衛生紙就好。

　　但當品牌有專注傳達某些關鍵印象，並實際結合消費者的體驗，就很容易在消費者內心產生一些偏好與習慣。在購買過程中，也讓消費者用這些感覺來說服自己購買。

　　例如，此款衛生紙真的比較柔軟好用、使用起來真的蠻舒服的，而且又是聽過的大廠牌等形容描述，儘管價格比其他品牌高，但依據品牌印象，就不容易讓消費者跑單，只要再強化品牌所經營的價值，當消費者記憶成為印象後，就很難被抹滅掉。

　　舉個例子來說，消費者購買蘋果產品的思考路徑，可能最先是受到產品外型的設計美感、周遭朋友的使用經驗所吸引。除了產品本身具有的功能與優點之外，感覺所推出的產品系列

都有一定水準、給人比較有設計感或是專業人士的印象。

　　進而往上一個層次，對蘋果的印象好像一直在追求更棒的產品使用感受、更好的體驗經驗，包含進入實體門市的感官體驗與線上網站的介面體驗，服務人員都很願意解決客戶的問題，發表會強調一直在追求突破、與眾不同的思維模式，在綜合的品牌印象中層層累加上去，加深了對蘋果品牌所傳達的定位與印象，到最後決定購買的心理。儘管價格比其他品牌高上一截，但著墨的已不是要不要買這個品牌，而是要買這個品牌的哪一種產品。

・「為什麼（Why）」是消費者願意一直相信品牌的理由

　　賽門・西奈克所提到的黃金圈概念，最核心的部分就是**為什麼（Why），它是競爭者無法複製的價值，是消費者真心會被打動而一直說服自己購買的理由，它更是消費者願意一直相信品牌的理由，當品牌持續向消費者傳遞為什麼的理由時，就是一點一滴地將品牌思維植入消費者的腦中。**

　　無論是介紹人、公司、品牌、部門、產品或服務給受眾，介紹型簡報都可以用背後的為什麼（Why）來破題，使用一句破題或藉由其他元素連結說明，為什麼要介紹這個人（內心真實的理念）？為什麼這家公司會成立（公司致力於什麼事情或一直思考什麼事情）？這個品牌為什麼出現在市場上（品牌

想要達成什麼目的而存在）？為什麼是這個部門（部門為什麼存在的理由）？甚至受眾為什麼要來聽這份介紹型簡報（聽完後的價值）？

　　為什麼（Why）能讓所有受眾都保持在同一條平行軸上，接下來再談怎麼解決的過程或提供可以解決的產品，都能獲得較高的接受度與認同感。這種感受就像當你認可候選人的理想、思考或想法後，自然而然地更容易被候選人的政見或意見說服。

　　介紹型簡報依照職場上的使用場合，通常區分為對外（公開場合）與對內（在客戶公司使用）類型，扣除初次純介紹的簡報之外，對外公開場合的介紹型簡報，故事開頭以為什麼（Why）作為起始，很常使用到一則故事、一張圖片、一句話或一個心境，也有使用名人來陳述相同的價值觀與理念作為開頭，從微小的經驗轉換成為擴大的意念，皆非常適合使用在新創公司募資簡報、創業公司經營、新產品上市發表、新型服務的市場測試，甚至在選舉上塑造候選人的記憶點都很有效果。

　　而針對職場對內溝通的介紹型簡報，通常會以團隊理念來說明為什麼存在，而陳述時間也不會太久，通常會很快帶入正題。但藉由為什麼（Why）來承接現在的價值與未來的合作模式。有些服務型的介紹型簡報，會先破題為什麼我們要做這

個？例如，因為我們想要解決目前所遇到的現況或難題，並且抱持著一定要達成的態度等諸如此類的說詞，或使用類比去強調進入市場的理由，以及如何融入客戶的供應鏈中，讓客戶的價值更為提升。

在前段為什麼（Why）的鋪陳時間上，則依照職場的情況調整，職場上的介紹型簡報，絕對沒有固定模式、沿用版型或固定說法，永遠具有一定的變化性，這也是製作簡報的樂趣。

◆ 如何做（How）：
如何做（How）就是決定優勢的
橋樑與如何達到的路徑

如何做（How）是為什麼（Why）與成果（What）的連接橋樑，如同一則故事中的「承轉」階段（起承轉合）。除了要承接為什麼（Why）的主張，還要轉換觀點，或是使用反面案例來強調成果（What）出現的合理性，讓受眾從開始瞭解背後的原因或理由之後，展現出成果的重要程序，同時對於企業而言，此階段也是提高產業門檻的重要手段。

在介紹型簡報使用為什麼（Why）作為破題之後，就會開始導入說明中間如何達成（How）的過程路徑，然後轉化

為成果（What），在中間這個階段，會結合趨勢面、科技面、市場面與實際試驗的結果，從介紹人、公司、品牌、部門、產品或服務都可以適用。

　　介紹型簡報在如何達到（How）階段的內容方向擬定，通常在介紹公司、產品、服務上最容易被陳述，因為所導出的成果都不是短期內可以達成的，都是必須經過日積月累的演變而成，因此中間過程有相當多的發揮空間。但如果是對於市場上的新興服務，在轉化的過程中，則要非常注意實際的市場邏輯與消費者思維是否吻合，因為消費者或受眾沒有太多的歷史經驗來參考或作為指標。

‧「如何做（How）」應用範例說明

　　如果是要去向客戶提案的介紹型簡報中，在快速說明提案緣由之後，就會專注在我們透過什麼方式努力，才有這個產品的出現。此部分（How）可藉由合作案例說明，與其他產業一線品牌的合作經驗、產品已經被很多目標族群消費者所測試認可，去展現眾多市場消費客群心聲，證明實際能在市場上生存，這個階段強調的是品牌、服務或產品發展策略過程說明。

　　介紹公司的介紹型簡報，首先說明為什麼而存在與精神理念是什麼（Why），為了達到這樣的理念，公司做了多少努力，

無論從辦公空間、員工訓練、客戶經營、管理者的思維，都扣住這個理念（How），所以延伸至現在，公司就成為這個理念的最佳實踐者（What）。或是公司因為要解決某領域長久以來的問題，從各項相關細節開始研究，中間過程經過了哪些嘗試、努力（How），終於創造出一個解決方案（What），解決問題同時也增加效率。

　　也可以從品牌思維著手，假設品牌強調的是「與眾不同」，可以在市場上做到與眾不同、實體展示空間的與眾不同、線上消費模式的與眾不同、員工日常辦公環境的與眾不同，最後讓消費者所想到的品牌關鍵字，就會產生類似於與眾不同的相似關鍵字。消費者會認為這個品牌所展現出來的和一般品牌不一樣，可能會有很新穎、很不一樣、很有差異性等，都和「與眾不同」產生關聯。

　　如果是職場面試，則開始就從自己工作的準則或個人的價值（Why）說起，自己因為一直以這個準則作為中心思想，結合某些工作經驗或學習過程而獲得這項技能，並且在實際工作經驗與歷練之下，透過這個準則經驗解決很多難題（How），最後成為現在的自己（What）。

　　另一種則是前面所述市場新興服務的介紹型簡報，很多是

由現有市場的縫隙、消費者的痛點與可能的隱性需求所產生出來的服務，中間如何引導便成為很重要的階段。如果過程沒有交代清楚，就很容易讓受眾產生疑問，或是就目標消費者而言，對於新型服務所提出的痛點沒有同樣感受，受眾內心就會產生與我無關的感受。

　　例如，優步（Uber）的搭車服務概念，可能源自於消費者端在乘坐計程車所遇到的種種問題、司機端本身所遇過的麻煩等，結合 APP 科技能夠帶來其他更多的附加價值（如：Uber eats）等，搭配實際的乘車經驗，共同串連成為一個完整的服務體驗，如果在中間轉換的過程中，沒有將消費者的問題解決，服務也很難迅速地被擴散與被接受。

◆ 做什麼（What）：
　　做什麼（What）才是答案，就是策略戰術下的成果

　　由為什麼（Why）與達成過程（How）的鋪陳之下，最後呈現出一個解決方案，這個結論的解決方案，正是秉持一貫性的理念與價值觀所產生出來的邏輯順序，而解決方案是具可替換性的，只要秉持同樣的理念，整個程序都會讓受眾感受是符合邏輯的故事。

　　目前看到市場上非常多的介紹型簡報，都只強調產品（What）功能列表，然後依據列表提供價格，尤其以科技業產品更是如此，在宣傳上稍微提到怎麼達成的過程（How），例如從設計概念到生產製程，或是找了很多技術專家，組成團隊共同打造而成。但其實說明順序完全顛倒，也無法真實打動受眾內心，只是引導消費者從產品功能來思考而已。

　　反之，當品牌理念持續傳達同樣一個概念（Why）與所付出的努力與用心過程（How），只要透過持續性的廣告訴求來教育消費者，當消費者感受品牌理念與產品是具一致性並具有一定的需求量能時，就會開始被受眾與市場聲勢所認同，此時再來談產品銷售就非常容易被接受。就算推出其他新產品，只要讓產品都維持同一個概念或同一種過程，對於目標消費者都是可以接受的。

　　舉例來說，品牌實體通路對外發表的簡報內容宣傳，首先不是跟消費者說我們開了一間店，而是先從我們一直以來的理念是「讓消費者安心吃到安全的食物」（Why），再來是談我們如何達到讓你安心的感覺以及如何達到安全的規範（How）。

　　我們比政府規定的規範更嚴格數倍，每一個流程都有檢查的關卡，消費者可直接從原料端查到出貨端的完整履歷，我們

有原料廠商的無農藥保證，因此我們決定將安全的食物集結，開了一間「安心食物選店」（What）。

　　門市人員注重安全、衛生，每天工作前必須先經過三道清潔手部手續、每一小時檢查環境清潔、每小時使用酒精擦拭店內所有物品。最特別的是盛裝碗盤，使用經過十道清潔程序的洗烘等，給全家人和孩子最安心的食物。最後強調我們的初心就是希望讓您與家人「安心吃到安全的食物」。

　　當受眾打從內心認同品牌理念中的「安心吃到安全食物」，就已經透過理念進入同一個時空，再來談所有的一切元素都與安心與安全的食物有關，結合行銷手段與價格訂位，基本上整個流程，從 Why、How、What 都已經完成了，就算把安心食物選店（What）改成安心蔬菜外送（What），依然符合在同一個 Why 與 How 的邏輯架構。

　　當然，最後的商品或服務（What）的確是讓消費者最實際接觸到，也是最直接的購買需求依據，但要消費者真正認同，以及成為這個商品或服務的擁護者或粉絲，就在於是否認同 Why 與 How 階段，以及 Why、How、What 三者的連貫概念。但反之如果品牌主軸核心（Why）的階段非常吸引消費者，也激起消費者決定試用的心理，但在產品與服務實際使用上（What）無法獲得對等的評價，也會造成失誤。

2.7

把為什麼的主軸
融入在簡報以外的事物

利用其他媒介表達同一個主軸核心，加深受眾感受。

如果開頭將簡報重點與受眾注意力都集中在為什麼（Why），接下來所描述出來的過程（How）與成果（What）就會顯得更理所當然，因為這是順勢而成、理所當然的過程，而不是硬拼湊出來的。

當然市場上有部分所謂新產品或新服務，一直強調幫助消費者解決問題、是某領域的專業，但這都不是所謂的從 Why 開始，而是只停留在 What 或 How 的範圍，受眾最後就只是當成一件產品來看待。

為什麼（Why）是重要的起因，再交代是如何達成的努力過程（How），但三者在簡報的分配時間上，還是要以成果（What）為主軸。如果職場人遇到敘述時間很短的情況之

下，還把時間都分配給 Why 與 How，講產品或服務（What）的時間反而很短，這樣受眾也無法確切瞭解到底成果為何。

　　但如果遇到只有簡短幾分鐘的簡報場合，不能鋪陳太長時間在前面的引導故事時，可以在開頭使用一張圖片或一句話來貫穿，然後集中火力在如何讓受眾對於產品、服務，或正在做的事情有深刻印象的記憶點就好。

◆ 透過其他細節的塑造，
　　也可以不需要「為什麼（Why）」的解釋

　　有沒有不說明前面的引導故事，卻又能感受到主軸核心的狀況呢？這時候就要說明另一種輔助介紹型簡報的理念傳達方式。就像品牌精神概念的融入，不再是表現簡報本身，而是透過其他外在元素來共同塑造。

　　一個精品品牌，消費者不一定確切知道品牌想傳遞的精神或理念，尤其對於一般消費者而言，精品可能就只是代表高級、奢華、昂貴的感覺而已。但藉由實體門市的氛圍塑造、相關輔銷物設計質感、人員形象與口條訓練等，無時無刻都在向消費者傳遞類似的感受，通常會用形容詞，例如很高級又現代、很有質感的舒適、顏色強烈的叛逆感、低調黑白的奢華等。

　　我曾讀到法國品牌香奈兒的創始人可可・香奈兒（Gabrielle Bonheur Chanel）女士的經典名句：「流行會退潮，惟有風格長存」（*Fashion fades, only style remains the same.*）和「時尚會改變，但風格是永恆的」（*Fashion changes, but style endures.*）。其實並不是要表現時尚，而是要創造一種風格，而風格就像 Why，時尚只是 What 所表現出來的樣子。

　　雖然消費者通常只看到品牌所展現出的產品與廣告（What），但無論是 Chanel NO.5 香水、高級訂製女裝、2.55 系列經典包款、山茶花標誌、菱格紋等，加入實體門市展銷、服務人員穿著形象，到每季時裝周的情境塑造（How）等，把一切所呈現的畫面與感受都串連起來（也就是把為什麼、過程、產品畫面都串連起來），**就算不知道經典名句，不知道品牌歷史，但透過所呈現的過程與成果，都還是持續地傳遞香奈兒的品牌風格給消費客群。**

　　例如，某精品品牌的快閃店，為呈現「為女人所想」的品牌思維，從進門的味覺、展場的樓面高低設計、可拍攝的網美場景、貼心的小禮品贈送等手法，都一直在對消費者描述品牌的感受，再透過現場不同年齡層的女性工作人員的貼心服務，呈現出為女人所設想的情境。

簡報客群	其他相關事物	受眾感受
年輕客群的科技型服務	潮流品牌、即時樂趣、流行話題 時代尖端、青年團隊……	○
	舊型手機、老舊配件、落後科技 長輩圖文、傳統媒體……	✕

　　雖然「為女人所想」可能只是一面牆的一句話，也沒有詳細說明品牌的精神，但已經把「為女人所想」的概念融入至消費者體驗中，透過細節的塑造讓消費者有感，這就達到了隱含為什麼（Why）在其他媒介的案例。

　　如果將上述的概念，實際套入介紹型簡報的發表場合，例如某公司要向大眾消費者介紹一個科技新型服務，這個服務不只是結合新科技，更是要跨入年輕消費者的市場。簡報所要表現的策略與戰術就不只是談趨勢，更要談與目標消費者相同的頻率、用詞、畫面細節，大膽利用所謂年輕消費者所接觸且熟悉的視覺呈現、使用年輕消費者正在討論的話題用字、身邊的情境或常使用的操作介面等。

　　在宣傳手法上，甚至不使用傳統的廣告宣傳，而是採用現代手機操作的全新體驗感受。不強調科技新型服務的願景，而是利用視覺刺激大腦連結，讓受眾直接聯想這個科技服務與年輕消費者的等號，雖然沒有為什麼（Why）的解釋，但依然有強烈的科技印象存在。

◆ 無法連結為什麼（Why）的反向介紹型簡報

　　在職場上也曾看過反向的案例：某廠商介紹公司新型科技APP 的介紹型簡報，內容介紹公司願景，中段強調 APP 科技服務的優點，畫面展示出公司怎麼達成的努力過程，但過程中就像在唸稿，沒有一絲讓人感受到對於科技的熱情，最後拿出手機 Demo 操作時，使用的是「非常舊型的手機型號」與「破爛不堪的手機皮套」，對於展示 APP 的細節毫不注重，在這樣的簡報體驗之下，客戶就很難將公司願景、科技感、服務等關鍵字連結在一起，進而產生合作上的疑慮。

　　曾經在職場上遇過電子支付的合作廠商前來提案，所準備的介紹型簡報中，提到公司願景是想成為市場上電子支付的前五大，並提到目前市場上電子支付的現況，可是當往細部詢問各電子支付的差異時，對方主管卻表示平常很少使用電子支付

功能，也只瞭解自家公司的電子支付功能，而且對於操作手機
APP 也不是很順手，就表示根本沒有專注在電子支付的世界
中，就算說公司的設備有多科技化，都不會打動客戶的心。

　　只有當職場人專注與熱衷在為什麼（Why）的世界裡
（專注在所認同的理念），並自信地傳達價值出去，也就是當
Why、How 與 What 銜接完美，並且被受眾所看到的所有媒
介都能與為什麼（Why）連在一起時，整份介紹型簡報自然
就會非常合理、非常吸引受眾與容易被記憶。

　　請務必記得介紹型簡報能被吸引與記憶的點，絕對不是
What 或 How，而是 Why 的基礎，因此無論是淺顯易懂的直
接說明，或是隱藏性的利用其他媒介來暗示，為什麼（Why）
都是製作介紹型簡報的中心思想。

第三章

資料型簡報談的是「如何找出問題與提出解決方式」

3.1

資料型簡報的組成條件

掌握過去與現況資料，
提出結果或未來解決方式的時間軸線。

第二章講解介紹型簡報的基礎觀念與引導順序，其實可以發現多數介紹型簡報屬於「對外公開」類型，透過簡報介紹，直接面對到公司、客戶或受眾，並透過內容與流程的鋪陳，讓受眾產生記憶點與印象。

但相較於職場上的資料型簡報，則多數屬於「內部呈現」的資料溝通，像是例行性的專案進度、業績報告與提案計畫等。

◆ 製作資料型簡報的時間軸

藉由資料型簡報，可以快速簡易地呈現公司目前所面臨的現況，與過去所衍生的問題緣由，並針對所面對的現況與問題，進一步提出未來可能的解決方式與選擇方案。在這樣的目

的之下，資料型簡報的基礎內容資料，依照時間區分成過去
（原因）、現在（現況）、未來（結果或解決）三個區塊，可
適用於製作各種公司內部資料的需求，像是業績成果報告、工
作進度說明、市場解決方案類型等。

　　以下便針對資料型簡報內容，所呈現的過去、現在、未來
三個部分進行說明。

資料核心

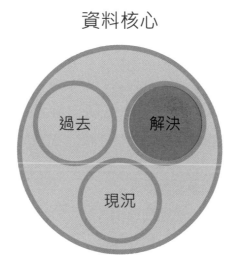

如何彙整過去與現在找出解決答案

一、過去（原因）：

隨著市場快速變化與趨勢脈動之下，今天所面對的問題可能與昨日完全不同。尤其在某些變動幅度大的產業別、具有季節性產品週期的公司，以及各產業主要競爭者的動作（或隱藏性的連動競爭者）驅使，因而產生銷量的變化與消費者的喜好突然改變，以上狀況就會形成過去的問題原因資訊。

二、現在（現況）：

針對過去所發生的狀況，因為某些因素影響或累積而形成一個問題或事件，並且持續在發生，需要對於某個「事件」或「問題」做全盤性瞭解與細節確認，或是針對所發生的問題進行盤點；現況事件與問題點可能是各業務人員的業績下滑、現在市場銷售量轉移、主要競爭品牌在市場上的動作等，累積一段時間後形成現況。

三、未來（結果或解決）：

資料型簡報與介紹型簡報兩者最大的差異在於，資料型簡報多數都在為了要掌握整體概況，呈現結果或提供解決問題的下一步動作，對於未來的解決方案，區分成短期（立即可執行的）與中、長期（一至三年的策略思考）的行動方針。

◆ 資料型簡報分為自發性與被動型兩種類型

① 自發性提案的資料型簡報：

在部門中自己思考可行的企劃進行提案，尋找可用的資料與利用部門資源，整理製作成資料型簡報進行向上提案，以尋找新企劃開案的可能性。

通常此種簡報適用於職場人希望負責的新專案，中、高階主管在年度計畫所規劃的部門專案戰略，並結合團隊人力的分配，讓部門獲得足夠的發展空間與預算。

② 被動型報告的資料型簡報：

也就是被老闆或上司賦予製作資料型簡報的需求，通常是一般職場人最常遇到的資料型簡報類型，而這類型的簡報來源都是由上到下的指令，因此製作簡報的背後一定有其原因、思考點與想解決的問題點。另外還需要確認內容是提供給公司內部什麼職階，會面對到什麼職階的受眾等，這都會關係到頁數與版面編排等思考因素。

無論是哪種資料型簡報，在章節內容的思考流程中，同樣回歸到職場簡報的軸心，著重在從溝通人到思考製作簡報的過程，讓職場人更能瞭解自己可以透過簡報說出什麼、從簡報內

容可以傳達什麼、簡報到底能夠幫助你找出什麼。

　　接下來的章節，將偏向於被動型的資料型簡報，也就是需要與老闆或上司溝通後，再進行製作簡報的說明。

3.2

老闆或上司
為什麼要找你製作資料

背後一定有一個原因，促使是你來製作簡報。

談如何製作資料型簡報之前，我們先往前端的階段思考，來談職場上老闆或上司與你的關係為何。

身處在職場的你，無論資歷長短或職階高低，如果職務上會需要製作簡報進行提案、專案進度報告，或是常會為老闆或上司製作簡報資料的話，更需要思考的是**為什麼是你來製作簡報，以及背後的原因是什麼**？

背後的原因可能隱含的是一種局勢、一種測試或一種信任，是因為現在公司沒有人能把簡報做好，或是因為自己是單位中最資深的員工？還是因為部門人力不足，上司需要有人分擔工作？因為你具備這項專長，被上司發現後開始使用了？

為什麼要思考其背後原因的目的，在於確認如何調整自己的心態與能夠加強的方向為何。

　　職場上談的是個人價值展現與專長貢獻，以及與其他人比較之下的優勢是什麼（包含老闆或上司認為你的專長與強項是什麼）。假如製作簡報是你在公司內部或上司心中目前的首要人選，就代表你更應該加強學習如何製作職場簡報，如何更快、更有效率地完成所交付的簡報任務。如果不是簡報，就請針對自己在職場上所擅長的優勢，盡量爭取能夠發展專業的機會。

　　無論是身處國際大型公司或中小型企業，請務必盡快熟悉公司文化與環境，瞭解自己身處的位階以及擅長發揮的空間，也就是前面所提到的為什麼這件事情是由你來做。

　　當瞭解整體局勢與確認上司意圖後，就可以針對正確的方向盡情發揮，職場人就像在市場上的產品一樣，一定要先了解產品在市場上的定位、優缺點比較與真正能發揮的功能，我稱為職場個人定位三元素，也就是**文化、位置、長處**。

一、談文化：

　　如同一個漏斗，文化是眾人待在某環境中自然產生的「潛規則」，就算是同公司不同部門的管理者，都會有不同的文化，但一定會隨著經營者或管理者所重視的理念與規則調整，並融入上司個人管理風格與做事態度，清楚觀察並融入將對自己更有助益。但如果自己都無法苟同的公司文化或環境，請選擇要

文化	位置	長處
熟悉公司文化與環境	瞭解自己身處的位階	自己擅長能發揮的空間

適應或是離開。

二、談位置：

　　如同一座金字塔形狀，你目前處在第幾層，從你到最高經營者中間的階段有幾層，分別是什麼職位，每一層上司或高階主管的待人處事、思考深度、工作習慣等都是需要被觀察的，因為惟有能設身處地的思考每一層職階所思考的廣度與深度，才能使溝通人與做簡報階段更加簡單。

三、談長處：

　　如同一個籤筒，筒內有好幾支籤，每支籤都有不同內容

（專長），依照情況持續釋出解決問題的能力。讓老闆或上司適時瞭解籤筒內有哪些籤，尤其是加強通才的特性，通才是在各種職務領域都可能被使用到的，再加上個人獨特的某幾支籤，就能形成個人優勢。

　　當職場人瞭解自己有什麼專長、特質與優勢，並且明白公司文化、位置、職位之後，才會明白自己在職場上的表現有哪些會產生價值，能夠適時地加強不足的地方，和針對優勢部分進行橫向的領域學習。無論是製作簡報或進行專案，瞭解自己與瞭解他人都是必要面對的課題。

　　如果職場人是主管階級的轉職或晉升，「熟悉公司文化與環境」、「瞭解自己身處的位階」、以及「自己擅長能發揮的空間」三者的時間將更為縮短。盡快發揮優勢、展現成果與帶來效益就是眼前最重要的事情，然而簡報能夠幫助的部分，就在於簡單且快速地表達出思考的廣度、寬度與深度，透過簡報也能夠讓自己更輕鬆地傳達資訊給老闆、上司與下屬。

3.3

從老闆或上司
開始傳達指令的同時，
就已經開始在製作簡報了

透過語言溝通，轉化文字到畫面的思考流程。

　　在工作職場上，不外乎「做人」與「做事」。

　　協助老闆或上司製作簡報時，也不外乎是「溝通人」與「做簡報」。

　　職場簡報的主軸是（務必）先溝通人，（思考）後做簡報，（完成）再次省思，因此要完成老闆或上司內心真正需要的簡報內容，三者缺一不可。

　　當然隨著個人職務與經驗成長，溝通人與做簡報的時間比例會彼此消長，前兩者的時間會越來越短。但要達到事半功倍的效果之前，我們先來瞭解製作簡報前與老闆或上司溝通的流程。

　　當開始接到製作簡報的需求時，整體流程如次頁圖所示。

① 老闆或上司經過會議討論或發現問題，開始傳達製作簡
　報的需求指令。
② 職場人接受指令後，思考並開始製作簡報。
③ 簡報完成後，進行簡報發表。

　　上述整體流程沒有太多問題。但要製作事半功倍的簡報，
中間的溝通過程中，職場人往往容易忽略一個細節流程，導致
簡報最後無法達成需求。因此在上述流程中需要再加入一個階
段做銜接，如以下步驟。
① 老闆或上司經過會議討論或發現問題，開始傳達製作簡
　報的需求指令。
② **職場人轉化指令並立即在腦中視覺化呈現。**
③ 職場人接受指令後，思考並開始製作簡報。
④ 簡報完成後，進行簡報發表。

◆ 在溝通過程中，務必「立即性」瞭解需求

職場人最常遇到與老闆或上司的溝通問題，都是在「職場人轉化指令並立即在腦中視覺化呈現」這個階段。

當老闆或上司傳達製作簡報的指令時，可能因為時間緊急或沒有太多時間解釋來龍去脈，只交待短短的一句話或沒頭沒尾的一小段話，例如「給我 A 產品的營收數字」、「幫我查一下最近一個月 B 產品販售量變化」、「麻煩整理一個頁面，主要是針對 C 未來的行銷方案」等。

如果在遇到「給我 A 產品的營收數字」需求時，內心開始琢磨「所以是要 A 的營收囉」，腦中卻沒有開始任何思考，當場回覆「好」的時候，老闆或上司就認定「你應該懂了」，這段對話就結束了。

但回到座位要思考製作簡報資料時，這才發現老闆或上司到底是要哪個月的營收？是這個月嗎？是否需要和上個月做比較？這一季？還是今天平均與這個月的比較？要這個數字的目的是什麼？只是要看數字？還是要把數字跟什麼變數做比較？到底什麼時候要完成⋯⋯為什麼都不說清楚啊！真的很奇怪耶！

隨著內心的疑問轉為抱怨，通常就會出現以下情況：

- 一堆疑問根本無從下手，為了要完成簡報，只好再去詢問上司了。但上司現在看起來好忙，現在過去問一定又會被責備。
- 上司剛好開會或外出，根本找不到人，其他同事也幫不上忙。唉，只好硬著頭皮先照上司剛才講的完成，等上司回來再看了。
- 上次簡報製作完成後給上司確認，結果上司跟我說這不是他要的，他要的是 XXX，而且下班前要給檔案。
  （職場人 OS：為什麼不一開始講清楚？現在都做完了才講，浪費大家時間，今天又要加班了……）

以上無限輪迴的溝通模式，你是否也曾遇過？如果你是初入職場的新鮮人，老闆與上司還允許有改正的空間。但如果你已經是具備多年經驗的職場人，這樣的方式只會導致彼此的信心每況愈下，團隊出現分歧、疏離或厭惡感。

如果想減低上述狀況的發生，最簡單的改善辦法就是藉由每一次溝通簡報的過程中，**務必「立即性」地瞭解他們在乎什麼、擔心什麼、會遇到什麼問題、有什麼應對想法等**，這都會形成下一次製作簡報的經驗積累。

◆ 默契的累積就是溝通！溝通！再溝通！

　　製作簡報前，瞭解「為何而做」與「為誰而做」的原因，就在於換位思考。簡報內容變成是雙向的思考點，站在對方觀看的角度與自己想表達的平衡觀點，不僅提高簡報的過關機率，更能讓內容具備不同的層次高度。

　　隨著時間積累，你和老闆或上司有某種程度的默契，或是之前已經製作過相同類型的檔案，腦中會瞬間產生出結果的畫面，代表你已逐漸步上軌道。

　　如果是剛開始合作或是首次接到製作不同類型的簡報任務，在溝通過程中，除了保持開放心態之外，更要因應不同類型老闆或上司的個性而有所調整。對於老闆或上司而言，與下屬合作的做事習慣也是需要被適應與信賴的，因此建議在接到簡報任務的當日下班前（或隔天早上），主動與老闆或上司溝通簡報初步架構與告知截止時間，讓對方了解專案簡報已開始，截止時間已暫定，後續則依照需求再調整。

3.4

老闆或上司的思考起點、
終點與串連軸線洞察

面對老闆或上司就像面對客戶，更需要換位思考。

前段章節主要說明接到製作簡報或資料指令的流程，此章節則要切入到實際面的思考流程，並如何快速貫穿邏輯架構與頁面視覺化的思考過程。

職場上資料型簡報所扮演的角色，就是把老闆、上司、客戶或自己想表達的口語與思維邏輯視覺化，同時具備相關資料的佐證，增加說服力道。有些人用口述表達一件事時很順暢，也符合邏輯脈絡，但將這件事製作成簡報內容時，卻無法讓受眾在觀看簡報時感受如口述般的清楚，這就是製作資料型簡報很重要的一個功能——**「必須要幫助簡報發表者更簡單並有邏輯性的表達」**。

◆ 資料型簡報的起點、終點與中間

再來要談類似於介紹型簡報的客戶思考軸線，將同樣的思

維模式套用於老闆或上司身上。當接到製作簡報任務時，腦海中要自動產生一條平行的時間軸線，「起點」通常是過去事件所引發的問題與理由，「終點」是要達到的目標或行動方向，最後是「中間」連結的部分。

依據資料所能統整出來的方式，彼此的關係是因為過去事件導致目前情況，因此針對現況提供未來短、中期解決方案的連結關係，當三點填空都完成時，資料型簡報的架構就已經完成。

在溝通的初步階段，一定要先行確認兩端的起點與終點，透過以下二例說明，將更能瞭解其邏輯架構與視覺化的結合。

例如：「給我 A 產品的營收數字。」
．起點（過去、現況）：要看 A 產品的營收原因？
．終點（未來）：老闆或上司的目的是單純看數字來決策或是有其他目的？

例如：「麻煩整理一個頁面，主要是講 C 產品的行銷方案。」
．起點（過去、現況）：製作 C 產品行銷方案的理由？
．終點（未來）：老闆或上司內心是否已經有想法或目標方向，是要加強 C 產品的哪部分？

　　如果能在前期溝通人的階段，將起點至終點連在一起，其實就已經串起整份簡報的基礎架構，再來就是快速闡述從起點至終點的內容流程，再次與老闆或上司對焦，就能立即將平行軸線的兩端答案都填好，甚至在溝通中，額外找出如何填滿中間過程。

　　如果無法藉由詢問問題瞭解整體簡報架構，也可以利用圖像化思考的方式，與老闆或上司溝通。直接在紙上繪製一條平行軸線，從最左邊的 A 端點至最右邊的 B 端點，左邊 A 端點就是起因緣由，右邊 B 端點就是老闆或上司想達成的目標，同樣可以讓對方清楚知道要討論的整體方向為何。

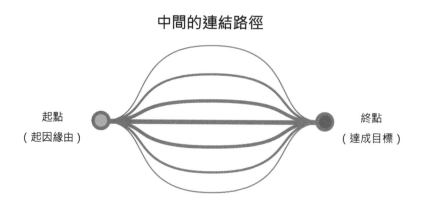

中間的連結路徑

起點
（起因緣由）

終點
（達成目標）

　　在瞭解想達成的目標、想表達的隱藏想法或想呈現的視覺畫面之後，也就是從 A 端點連到 B 端點，中間可能會有數條路徑，都可以讓 A 端點連結至 B 端點，所延伸出的策略或戰術會有很多種，但結果都能連在一起，只是走的路線方式不同，每條路線都會影響團隊人力、花費成本與時間，提供對方可選擇的選項（適時地加入自己的思考），並適時提供最佳的答案。

　　關於平行軸線的對答訓練方式，建議可從平日與老闆或上司溝通開始練習，身為上班族的你，工作上都會面對自己的直屬上司或老闆，如果你已經是別人的上司，則會面對你的高階直屬主管，而高階主管則需要面對經營者，因此無論是接到簡報或其他資料需求，所有任務都可以用時間軸架構模擬，其道理都是可以融會貫通的。

◆ 把可能遇到的疑問都問出來

　　確認簡報的原因與目的後，也就是填好起點與終點兩端，則要開始思考從起點至終點的中間要怎麼串聯在一起，並且思考實際執行面會遇到什麼問題。如何串聯中間，就需要把可能遇到的疑問都問出來，或是從上司的回答繼續延伸自己的問題，對答完後就幾乎已經完成簡報的初步架構。接下來就從同樣的案例延伸做說明。

例如：「給我 A 產品的營收數字。」

接到製作資料的指令時，先確認老闆或上司的起點現況與終點目標。

步驟一：起點（過去 & 現況）

下屬：「請問要看 A 產品營收的原因是什麼？關於 A 產品資料，我想可以從另外一個部門要到資料。」

上司：「我要確定 A 業績今年有沒有下滑的*趨勢*，資料我待會直接發 Email 給你。」（解決起點資料問題）

步驟二：終點（未來）

下屬：「請問瞭解 A 產品營收數字的目的是什麼？為了確認 A 是否要加強銷售或告訴大家 A 產品要新增功能嗎？」（試探句）

上司：「不是，我是為了確定 A 產品是不是符合整年度的業績目標，再來如果業績下滑的話，要採取什麼辦法彌補。」（解決終點資料問題）

在上述的溝通模式中，起點資料的業績下滑需求部分被滿足，終點目標重點是整年度 A 產品的業績*趨勢*表現，依據有沒有下滑的*趨勢*來決定後續動作，因此這份簡報已經在兩端產

生答案。但這只是簡報資料的架構起始。

步驟三：起點與終點的中間連結線

聽完上司回應之後，經由對話提到簡報主要是擔心 A 產品的業績表現與解決方案，因此需要營收數字，再來延伸對答或談自己的思維。

下屬：「還有哪些原因讓您擔心 A 產品呢？我覺得整年度的平均與各月份比較更容易看出高低，如果業績下滑，可以再思考後續如何提升業績的行動。」（自己的見解）

在談到後續問題或工作者見解思維，老闆或上司如果對詢問或思維不滿意，通常都會馬上說出自己的建議，這時候就更能補足整段的簡報架構。

步驟四：最後請務必詢問什麼時候需要這份簡報？

這通常是職場人與老闆或上司溝通的最後一個問題，也是最重要的問題。如果回答是「越快越好，無法有確切日期」，我會在簡報需求的當日下班前或隔日早上回報進度，同時再確認資料與簡報的方向是否朝著同樣方向前進。另外，如果無法找到老闆或上司，則可使用 email 或通訊軟體報告相關進度。

3.5

回歸簡單清楚的心法，
而不是遵循複雜的規範

簡單快速的三十秒「口述」預告或分鏡「畫術」。

關於如何製作簡報頁面，各類簡報書籍與流派都有其理念，提及製作簡報的故事性、要注意起承轉合、要有邏輯因果、要有視覺焦點、要有圖表觀念、要簡單明瞭、不要有太多字體、不能超過三個顏色、不要全部都是重點、不要使用動畫、不要使用奇怪底色等觀念。但短時間內也無法把所有技巧都學會，畢竟這些都是各作者多年來的經驗積累，因此需要針對自己在職場上的需求，選擇適合的規範來測試使用。

內部使用的資料型簡報，其實只要謹記一件事情，無論製作內容形式為何，**資料型簡報的心法是清楚呈現某件事情，讓老闆或上司瞭解與決策的工具，只要與老闆或上司順利溝通，並同意結論或任務往下執行，就證明你的簡報已經成功！**所以不需要被太多複雜的簡報規則綁住，簡報是非常有彈性的溝通方法，甚至溝通根本不需要製作簡報也可以達成。

藉由每次溝通的練習，逐漸加強簡報的策略思考與內容細節，相信對於任何職場人而言，製作一份好的簡報，都不會是困難的事情。

◆ 又快又準的「口述」或「畫術」

目前身在職場上的你，是否有以下情況：

① 剛進入新公司或新環境，尚不熟悉公司文化或上司習性。

② 還沒與上司培養出溝通默契、彼此的工作習慣與執行成果。

③ 目前職場上的直屬主管，根本沒時間去討論第二次、第三次簡報內容。

如果你剛好卡在以上的狀況，從前段溝通人的階段到使用電腦軟體製作簡報的中間，可以再補上一個「向上管理」的細節心法。現階段已經確認將所有事情都思考完成，並要開始使用電腦軟體製作簡報前，再與上司進行最後一次簡易的三十秒「口述」（快速口頭預告）或「畫術」（手寫繪製草稿），**兩者的特性就是快又準的概念，每一句都是重點，每一張圖都有作用。**

溝通人階段　　　　　　**口述**
每一句話都是重點
　　　　　　　　　　　　　　　　　　製作簡報階段
　　　　　　　　　畫術
每一張圖都有作用

　　職場人內心大致底定簡報的時間軸線，在開始使用電腦製作簡報前，請與老闆或上司再進行一次快速預告（有點類似「電梯簡報」的概念，在極短的時間內有條理地說出所有重點），每一頁都使用一句話來說明，最後說明截止日期時間即完成。

　　使用「口述」技巧，與老闆或上司進行最後一次確認：

　　「耽誤您三十秒時間，關於這次 A 產品的簡報架構，我預計會製作四頁簡報，第一頁先陳述您剛剛所描述的擔心 A 產品的理由，第二頁使用直條圖和趨勢線表現 A 產品今年度的業績整體表現，第三頁會將整年度平均與各月份比較，確認

是否有下滑趨勢，第四頁則是如果確認下滑趨勢線，我會先擬定初步的行動方向，再和您討論確認此方向是否要修正，預計在今日下班前（或其他時間）給您快速看過整個簡報樣式，謝謝。」

如果職場人感覺自己還無法利用簡短三十秒來報告，就可以參考「畫術」，也就是手寫繪製草稿，這種方式不需要什麼繪圖能力，一般人都可以輕易上手。

◆ **為什麼要使用手寫與繪製？**

使用手寫文字標題、繪製形狀與圖表，隨時修正的速度幾乎能跟上大腦的思考速度，如果在溝通中直接使用手繪圖面溝通，能夠減少有時因為使用軟體的操作速度較緩慢，導致思緒會因為操作速度無法快速掌握而拖累進度。

例如要畫一個方形連到另一個方形，中間需要兩個箭頭來回的畫面，用手寫約五秒鐘結束，但使用電腦，則需要點選二個方格與二個箭頭，再把一個箭頭對稱轉向，需要使用電腦進行五個步驟才能完成剛剛的畫面。

手寫繪製頁面就像電影分鏡的概念手稿，只要先畫出預計製作的頁數，將每一頁的重點、主副標題位置、圖表位置大致描繪完成（建議大約五分鐘內完成），頁面內容也不需要太

細節的表達，只要能清楚知道每頁的主要重點是什麼、圖表的使用類別與確認頁面串連順序，就可以直接在紙上進行最後確認。

◆ 加入三十秒預告的好處是什麼？

完成以上階段後，不妨換位思考一下，把自己當成老闆或上司，下屬在聽完你的指令後，短時間內立即和你報告以上預計製作的簡報內容，你會有什麼感覺？

相信感受到的第一件事情是「安心」，這個員工是真正想要確認清楚事情，並且講話邏輯條理分明，也已經概略地解釋可能的簡報成果；再來看到簡報與資料實際成果後就是「信心」，而安心與信心都是互相積累而成，就像疊積木一樣，透過多次溝通合作一段時間後，自然就會培養出來。

但並不是所有老闆或上司都能照著上面的模式溝通，或是進行三十秒的預告，畢竟人都有不同個性，因此另外提供如何與不同個性的老闆或上司（不論職級為何，是利用個性、觀念與工作習慣來看）快速溝通的心法。以下所描述的老闆或上司類型，我皆有遇過也實際測試過，但還是依據個人判斷來對應溝通方式。

鉅細靡遺型

在溝通人的階段時，就會先把每頁的需求與大致呈現快速告訴簡報製作者。這時候請務必將上司的簡報溝通邏輯背起來，未來製作簡報將會更事半功倍。

緊張急促型

需要資料時就表現出上午講、下午要的口吻，或是詢問何時需要資料時，總是回答越快越好。這時請務必在製作簡報的前中後段隨時報告進度，直到上司認可後，不需要「頻繁」報告時就可以停止。

放牛吃草型

在製作簡報較重要的階段，請務必安排時間與上司進行深度溝通與內容檢討，通常是中午或下班後時間最佳，只剩下你和上司時，此時較無其他人或電話干擾。

深思熟慮型

習慣從大方向談起，再往細節詢問，或是不管什麼論點都會轉到「成本」思考，甚至先關心競爭者做什麼，才決定做什麼。在簡報溝通上順著此習慣作為開頭，先把疑慮解開，再討論內容。

放馬後炮型

在製作簡報中間溝通非常順利，但在會議結束後因為其他長官質疑，就變成製作簡報的人要背上沒有做好的黑鍋。請不要執著在上司的馬後炮，而是找時間和上司聊天，把對方的敵意減低，因為這種上司個性就是喜歡爭功諉過，如果你無法成為同一派，通常會比較吃虧。

3.6

資料型簡報邏輯：
因果、果因、果因果

提供前因後果與背後支撐的邏輯脈絡。

　　一般對外型簡報（包含介紹型簡報）說明流程，常使用因果鋪陳方式來呈現（什麼因產生什麼果，或因為什麼原因集結而成為一個事件），結合個人特色的演說，就形成一個具故事性的簡報。前端的「因」可能從一個問題、一句話、一個現象或一個畫面來引導受眾進入故事開端，再透過起承轉合，讓受眾沉浸在簡報所鋪陳的情境。

　　但對於職場上的資料型簡報邏輯架構，則需要依照公司文化、老闆或上司思考模式、陳述習慣與個性，而延伸出很多不同的鋪陳順序。

◆ 選擇先因後果或先果後因

　　在製作資料型簡報時，一般都會以「先因後果」的邏輯架

構呈現，針對過去所發生的問題與相關資料整理成為現況，藉
由資料分析出未來的解決方向與預期成果效益。但職場上資料
型簡報的邏輯順序，需要考慮的細節變數很多，包含上司報告
簡報的時間、老闆或上司的思考習性、公司文化等因素影響，
因此在思考資料型簡報的邏輯架構，並不一定都是採用先因後
果的鋪陳順序。

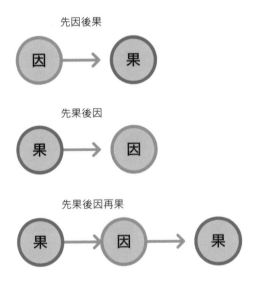

　　除了一般典型的「先因後果」邏輯架構之外，第二種資料
型簡報的鋪陳順序，則是先強調結論（通常使用在高層會議），

以結論作為破題，引起好奇，並口頭詢問為什麼會是這個結論的問題時，職場人再開始敘述其背後的資料分析過程，為「先果後因」的概念。

有時候因為時間緊急、會議有太多議題需要討論、與會者皆已熟知過去所發生的問題，只要報告結論與討論下一步的方向等，不需要再多做解釋的狀況下，就可以使用先果後因的簡報方式。

另外在職場上，還有一種叫「果因果」的簡報邏輯，依照字面上解釋，就是在簡報開頭先講完結論後，再把支撐的論點、原因與相關數據資料呈現出來，最後再強調一次結論。通常適用的情況是公司內部下對上的提案、老闆直接面對客戶的提案等，利用最後提醒的伏筆，增強受眾印象。但前提是簡報者與受眾都有一致認同的目標。

職場人可針對自己面對的現況，決定使用果因、因果或果因果的簡報邏輯架構，而簡報邏輯沒有絕對答案，皆是參照變數思考最佳方案。

但無論使用哪種邏輯架構，**在每一次的資料型簡報開頭，建議要先引言，以定義目標與方向**，如無法口述，則增加前導頁面說明，讓受眾在聆聽簡報以前，都能保持在同一個情境的

目的設定。

　　另外，無論使用哪種邏輯，是否會有一定頁數限制或是多少頁數為佳？還是要視職場情況而定。有些人習慣看鉅細靡遺的簡報內容，作為細節討論與檢視資料是否有錯誤，有些則是看整體大方向的策略與邏輯架構，只要方向對了，對於細節並沒有那麼注重。

　　就個人經驗而言，簡報頁數是依照所面對的受眾職位與說明時間來調整。如果面對的受眾職階越高，通常建議簡報頁數少、重點精簡、結論簡單、邏輯清晰的內容，因為受眾聆聽簡報的時間相對較少，其實著墨更多的反而是後續聆聽完簡報的「問答」。

3.7

簡報檔案交付的
職場過程細節

職場上細節的掌握才是勝負關鍵。

在經過多次內容討論與修正版本後，終於獲得老闆或上司的點頭通過，這時候會遇到檔案交付的三個職場情境細節，包含交付的檔案格式、檔案命名方式與預備心理，針對三者說明如下。

◆ 簡報檔案存檔的細節

要交付完成的簡報檔案時，建議儲存的檔案類型需包含二種，一種是 Keynote 或 PowerPoint 原始檔案（依照老闆或上司電腦使用的軟體版本存檔），另一種則是完整轉出 PDF 檔案（可攜式文件格式），將兩種類型檔案一同交付。

原因在於會議上有可能因為檔案突然打不開或存檔失敗，PDF 檔案是可以完整呈現內容（不會有字體錯誤或圖片格式不符），並且使用任何電腦開啟，幾乎不會產生問題的檔案格

式。

　　如果是使用 Keynote 軟體製作，在轉檔 PowerPoint 檔案格式後，請務必再使用 PowerPoint 開啟檔案檢查，尤其是圖片、行距與表格等，都會因版面、格式與軟體版本差異產生錯位問題，甚至在段落、字體大小上會有些微差異。

　　當然 Keynote 特殊的轉頁效果也無法在 PowerPoint 呈現，而 PowerPoint 的過場效果也無法正常轉入 Keynote。如果有影片連結，請務必將影片檔案一同儲存在同一個資料夾內，在影片無法播放時可直接使用原影片檔播放，讓會議順利進行。如果習慣使用 PowerPoint 製作簡報，則需要注意版本問題，新舊版本依舊會產生圖表、線條與文字的差異。

◆ 檔案命名的模式建議

　　除了檔案交付格式之外，另一個就是檔案命名的細節。每個人的存檔命名都有其熟悉的方式，有些人習慣用日期加標題，有些是使用製作日期加標題，有些則是使用關鍵字，並利用資料夾命名，而我習慣的是製作日期、標題、修正版本、搜尋關鍵字四個部分。

20180509 ＿ 產品簡介行銷 ＿ V6 ＿ 雲林縣 學校 教學

日期	標題	版本	關鍵字
確認檔案製作日期時間差異	每次存檔需要相同的主標題	很快從舊檔案找到需求資料	能夠在檔案中快速搜尋標籤

　　例如：20180509_ 產品簡介行銷 _V6_ 雲林縣學校教學

　　第一個「20180509」是製作日期，用來確認新舊檔案的製作時間差異。

　　第二個「產品簡介行銷」是此次簡報的標題，每一次存檔都需要有一樣的主標題。

　　第三個則是版本（Version）。如果製作頁面時，發現第二次製作的頁面內容才是真正需要的，則可以很快從舊檔案中尋找到需要的檔案。

　　第四個則是與檔案內容相關的關鍵字，讓你能夠在電腦檔案資料庫中快速搜尋，因為隨著時間累積，資料夾與檔案會非常多，如果不使用關鍵字搜尋，單靠自己的記憶找檔案是非常

浪費時間的事，有時候可能只想到某些關鍵字，就可以輕鬆找到需要的檔案，以上提供給各位參考。

◆ 簡報存檔習慣也攸關效率

關於簡報存檔的習慣，在此提供一個非常好用的存檔方式。我從進入某公司或為某客戶製作第一份簡報檔案開始，就會進行資料夾歸類檔案，這裡說的不是市面上所謂的資料夾分類，而是像清冊檔案類型與個別檔案類型，說明如下。

例如每週會議報告的檔案，頻次是一週會製作一份會議討論用簡報，第一週簡報資料製作完成後，會存成一份第一週的簡報檔案；第二週的會議簡報資料則是會在第一週簡報檔案內繼續製作，因此就會有一份是第一週和第二週的會議簡報完整檔案；第三週製作完簡報資料後，會有一份是第一週加上第二週和第三週的完整檔案，因此在電腦內資料夾，會有一個自己所製作過的完整過程，每週會議報告檔案（簡稱為檔案清冊）。

隨著製作簡報的次數越多，簡報檔案清冊甚至會高達數百頁，因此我又會再使用季度作為分類，例如：1701010331（二〇一七年一月一日至三月三十一日）。

這樣的存檔方式優點是什麼？**就是縮短製作時間的效率＋**

時常檢視自己的能力。

　　一、通常某上司或某部門，所需求的簡報類型大同小異，版面設計有時候只有進行數字的更新或些微調整，針對例行性簡報而言，這樣的存檔方式可大大減低製作簡報的時間與心力。

　　二、每次製作新簡報時，我習慣開啟完整簡報的檔案清冊，當中可能有數百頁的檔案，優點是當工作者遇到相似情況或思考呈現，可開啟光桌（Keynote）或投影片瀏覽模式（PowerPoint），快速尋找之前所製作的頁面，再利用複製和貼上簡報頁面，縮短頁面設計的時間，因為通常固定式的會議報告，使用格式都會大同小異。

 溫 馨 提 醒

在製作職場簡報時，請務必記得一個快速鍵：PowerPoint 存檔 ctrl+s（Keynote 存檔 command+s）。只要在製作簡報途中有新增內容、修改排版與插入圖片等就按一下，可以避免很多不必要的遺憾，例如突然停電、軟體當機、不小心按到刪除鍵等。

　　三、在回顧前一個月、前一季所製作的簡報檔案時，可以快速看到之前所製作的簡報，檢討是否有哪些細節可以修改得更好，相信簡報功力會大為提升。

◆ 簡報交付後的眉角與細節

　　再來是最容易忽略的細節，就是從簡報製作完成前後、會議中使用到會議結束後的預備心理過程，因為**簡報任務絕對不是製作完就結束，而是使用完後才開始。**

　　你是否將資料型簡報內容製作完成，並交付檔案後，就認為簡報任務已經結束了？常聽到一句話說「魔鬼藏在細節裡」，職場上的眉角與細節多到不可數，能夠掌握越多的細節，就越能展現出不同的價值。

　　以下從簡報製作完成到交付檔案後，或等待上司於會議中、會議結束後的整個流程的時間點，說明與簡報相關人士（簡報製作者、報告者）的關係。

　　通常離簡報交件還有一小段時間時，建議先存檔後離開座位，不管是買飲料或上廁所都可以，將自己沉浸在製作簡報內的思維淡化，等待幾分鐘後再次回到座位，重新審視整體大綱與順序。在重新閱讀簡報的同時，可結合另一種心法來看簡報

大綱。我會將自己催眠成老闆或上司，將簡報視為下屬或提案者製作的簡報內容，**「重新讀一次簡報」**。重新閱讀，總是會有一些字句的修飾或頁面流程調整。

等這份簡報內容都完成後，再重新回來思考一件事情，那就是製作這份資料型簡報的目的是什麼？

一、希望專案能夠通過，讓決策者同意執行。
二、讓某些行動繼續執行，因為可以解決某些問題。
三、表決出某些關鍵因子，增加會議上受眾的接受度。

所以，在上司報告簡報的過程到結束後的這段期間，才是影響的關鍵。

在密集的高壓聚精會神之下，或是迫於會議時間已到無法再修改的最後一刻，終於讓上司帶著檔案消失於辦公室後，心態在極壓縮後會突然放鬆下來（就像橡皮筋拉緊後突然放掉後的感覺），此時可能短時間內無法繼續專注、想離開座位去休息，舒緩自己的精神思維。但我建議在簡報交給上司後，待在自己位子上立即接續另一個專案，讓自己持續保持在警覺與專注的精神。

◆ 為什麼不是簡報交付後就算完成任務？

如果自己不是和上司一同參與會議的人，只是製作簡報於會議中使用，在簡報提案過程中，上司很可能會遇到以下情境：

一、上司遭遇老闆或客戶問答的過程中產生新問題，老闆在聆聽簡報過程中，提到某國家市場營收變化，因此想瞭解是否某區的市場營收都呈現這樣的正相關變化。但可能當初簡報頁面的目的只是強調在一個國家的營收變化，這時候上司可能就需要你立即補充資料。

二、簡報內頁其中一個數字的謬誤或來源為何？A門市當月營收是○○○○萬，來客數○○○，平均客單○○○，為什麼二者的數字計算不符合？是不是抓取資料時設定範圍差異？還是有什麼備註？

三、需要再補充某些延伸出來的問題。例如今年第一季表現不如預期，其他競爭者的第一季表現成長百分之二十，那第二季至第四季的市場變化關係曲線預測為何？

四、甚至是上司遇到根本答不出來，或根本聽不懂問題時。

　　因為簡報細節只有製作者最清楚，遇到上述情況時，上司第一時間一定會透過 Line、email、電話聯絡你，立即在三至五分鐘內提供一些需要的「答案」或「提示」，或是開會到一半時，突然請你進入「氛圍不佳」的會議室解答問題或備詢。

　　當然這類的情境還是看老闆思維、上司個性與公司文化。有些決策者會需要立即找出問題與討論出解決方法，或是上司屬於力求表現型與展現個人積極度時，希望能夠快速答覆老闆、公司文化與工作氛圍就是「快、快、快」等，都很容易遇到以上情況。因此在會議簡報的時間中，還是讓自己的心情與專注度一直維持到上司結束會議後吧。

　　另外，在提案或報告結束後，建議「主動」以閒聊的方式詢問簡報方向或會議狀況。通常這時候上司思維與記憶都保持在最新狀態，講出來的東西往往會是最貼近事實的，對於判斷簡報內容與後續行動是最佳的狀況。當然也有遇到上司會議後心情不佳，丟了一些垃圾話。但其實也沒關係，通常上司遇到一個願意主動詢問或願意聽他說垃圾話的人，往後都能得到更多的情報。

　　所以在上司拿著你製作的簡報和客戶提案完後，請務必「主動」利用閒聊的方式和上司討論客戶的反應、接下來可能的策略對應，或是客戶對於簡報內容的提問，對於製作簡報的

你有極大的經驗值提升，下次再遇到同樣類型的簡報時，則可加入之前的經驗，讓簡報思維更全面、製作更快速。

第四章

綜合型簡報談的是
「如何達成目標的途徑」

4.1

每一份綜合型簡報
都是新的宇宙世界

隨時提醒自己「這份綜合型簡報的題目與目的是什麼」。

　　無論是身處大、中、小型規模的公司，職位是職場新鮮人、資深員工、部門的中高階主管、老闆或創辦人，只要在職務上會面對到向客戶業務提案、相關單位標案、專案活動企劃等，過程中幾乎都會使用到「綜合型簡報」。綜合型簡報不如一般介紹型或資料型的簡報內容，每一份綜合型簡報都有自己所設定要達到的目標與功效。

◆「綜合型簡報」是什麼

　　簡言之，就是介紹型簡報和資料型簡報兩者的更進階版本。其基礎內容，幾乎具備了「介紹」與「資料」的內容，但簡報的**主軸方向是要依照與客戶的前期溝通**，來確認主題、重**點比例與目標**，不再只是介紹或呈現資料的結果，而是具有其

他更深一層的目標。

在職場上，會遇到的綜合型簡報類型有哪些？

例如，各種公司對公司的提案、對外公開場合的提案型簡報、公司內部的年度型簡報（年度行銷活動或年度營運計畫）、大型跨部門專案（國內外大型展覽活動內容或其他特殊專案）、各式資格標案（政府各相關單位）等，以上通常都需要事先針對專案現況與需求目的，進行前期的溝通說明與整體規劃、搜集各種外部資訊、思考部門職務人力分配介紹說明，而上述類型簡報都是屬於綜合型簡報。

在第二章與第三章中，分別提到介紹型簡報與資料型簡報的基礎內容資料，依照過去、現在、未來的時間軸區分，共有「過去」、「經歷」、「現況」、「價值」、「解決」、「潛力」六個區塊內容，而簡報所面對的受眾，可能是客戶、政府單位、公司、老闆或大眾消費者等，製作簡報的目的在於讓受眾看完這份綜合型簡報後，能夠產生包含接受、認同、購買、選擇、決策、導入等感受。

在製作綜合型簡報時，就要擷取或融合六個區塊的內容比重分配，考慮目標受眾的認知價值觀與思維模式，並設定受眾

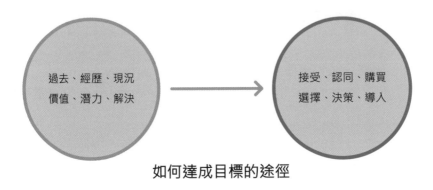

過去、經歷、現況
價值、潛力、解決

接受、認同、購買
選擇、決策、導入

如何達成目標的途徑

在看完簡報後所產生的感受，以及回推如果要產生這樣的感受，需要什麼內容才能達到的思考模式，因此製作一份綜合型簡報，最重要的主軸核心其實在於「**這份簡報的題目與目的是什麼**」。

◆ 為什麼要強調綜合型簡報的題目與目的？

目標確認之後，才能思考因應的資料內容，如何融合所有資訊量，以及取捨各種資訊配置的比例調整（包含內容呈現、視覺感受、頁數分配等）。

綜合型簡報最有挑戰性的重點，就在於每次所搜集到的資料都不相同、所要達到的目的不同、每一次面對的受眾思維邏輯也不同。如何衡量、調整、決定輕重的比例，全都是依據綜合型簡報的目的設定與製作經驗進行調整，完全因應目的決定內容區塊呈現的比重。

因此藉由前提溝通確認對方需求，讓簡報的題目與目標更加清晰明確，就可以避免產生文不對題、方向偏掉、邏輯混亂的綜合型簡報。

請務必記得，如果連一開始的題目與目的都不太清楚或無法確認，所有後續對應的資料也無法有效率的搜集，就算全部搜集起來也會雜亂無章，導致最後什麼都想表達、什麼都放進去，但什麼都不會讓受眾記住的狀況產生。

舉例來說，需要製作一個進入某通路設櫃的產品提案企劃，像這類型的簡報就是很標準的綜合型簡報，受眾通常是對方通路部門的主管階層與執行窗口（而且普遍對自己公司的產品不熟悉），因此前期與通路溝通的階段，就需確認簡報題目，目的是要讓通路看完後點頭答應設櫃提案；再者就是要搜集通路資訊，包含展示空間尺寸、展示規範、樓層客群屬性、預期的營收目標、審核重點等作為目標訂定，以上相關準備資料都是先確認這份綜合型簡報的目的後才開始進行。

　　搜集完初步資料後，就開始規劃此份綜合型簡報的內容。通常會包含兩個部分，一為「介紹」公司、團隊、產品，另一個部分則是使用相關數據「資料」，兩者共同說服通路為什麼產品值得投資，與為什麼產品可以進入設櫃的理由。

　　「介紹」的內容，從過去資料，包含公司過去的發展沿革、歷史里程碑、近幾年營業額的變化、在其他通路的營收表現，形成現在公司的優勢與價值。「資料」的部分就輔以市場調查作為參考，包括同樓層櫃位的營收作為標準、是否有相關競爭者品牌，最後整理出預計設櫃多久能夠帶出多少營收利潤、預期準備的行銷活動計劃與能夠帶給通路的消費者全新體驗感受的附加價值等。

◆ 不妨多利用接案來練習綜合型簡報

　　如果具備多年的簡報製作經驗，相信對以上的準備方向都相當清楚。通常累積到一個階段，無論是面對哪種綜合型簡報的課題，職場人會發現自己所製作的簡報頁面配置開始大同小異，差別只在內容數字修正與版面小幅度調整，而且製作時間也越來越縮短，這個階段代表可以開始思考調整簡報步調，尋找各種綜合型簡報的製作機會，這時候就可考慮採用接案來練習簡報。

接案的**樂趣**與益處,並不是在於這個案子能夠獲得多少報酬(當然也絕對不是免費或低價製作),而是在於能夠面對到完全不同的產業類型與市場變化,更重要的是客戶對於這份簡報的目標設定皆不相同,但在綜合型簡報的內容呈現與視覺表現,就會出現相當大的差異。

從餐飲業的創業募資提案、新品牌進入新通路的提案、醫學相關領域的研討會簡報、大型活動申請提案,到讓消費者或客戶快速瞭解產品的業務提案簡報等,基礎簡報架構與陳述邏輯都會保持在同一個水平線上,但實際上的視覺呈現方式則要看屬性與需求來調整。相信透過接案模式,都能快速提升職場人的綜合型簡報製作經驗。

4.2

能不能讓受眾
跟著簡報節奏走，
就是挑戰所在

每次打怪後都會增加經驗值的升級。

　　如上一章節所述，雖然綜合型簡報是介紹型與資料型簡報兩者的資料組合基礎，但綜合型簡報不像介紹型與資料型簡報都有一個簡單易懂的功能——介紹型簡報具備介紹並且讓對方瞭解的功能，而資料型簡報則會圍繞在某資料的呈現結果與針對結論所提出的未來行動方案。

　　綜合型簡報則不同，它同時具備介紹型與資料型簡報的串連，並在這樣的資訊整合之下，引導受眾進入簡報的故事。**如何在聆聽完綜合型簡報後，達成簡報當初所設定的預期目標，「讓受眾跟著簡報的節奏走」，就是綜合型簡報的挑戰所在。**

　　所謂跟著簡報的節奏走，包含了幾種面向，一種是 One Punch 的開頭衝擊感，另一種是設定起伏高低不定或是循序漸

進，讓受眾聽完後，反應可能是「ok, that's great and get off the ground」、「WOW」、「我們真的要開始做一些事情」等。因此綜合型簡報在確認題目與目的後，再來就是如何鋪陳產生簡報的內容節奏，讓受眾在聆聽完後有當初所設定的感受。

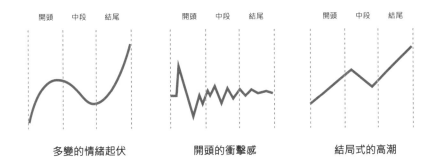

開頭 中段 結尾　　開頭 中段 結尾　　開頭 中段 結尾

多變的情緒起伏　　　開頭的衝擊感　　　結局式的高潮

　　製作一份綜合型簡報，從前期思考、中期製作到後期省思階段，要隨時提醒自己這份簡報的題目與目標到底是什麼，一定要圍繞在目標的範圍內思考，因為在過程中，往往會將無數個思考亂數地發散進行收斂，如果沒有事先設定相關限制範圍，常常會有所迷失，偏離當初所設定的目標。因此如何快速產出簡報，重點在於在有限範圍內，提供最佳的答案。

　　職場上最容易遇到的綜合型簡報，包含年度型計畫、營運或行銷計畫、大型活動專案等，其他綜合型簡報類型就像募資Pitch、創業者聚會等，幾乎都會使用簡報作為對外的宣傳媒介，讓受眾透過短時間的聆聽，瞭解簡報所設定的目的（例如讓聆聽受眾能夠記住這個品牌的一句話、一個關鍵形容詞或一個感受）。

　　以下從年度型計畫、大型專案與募資Pitch來做簡單的說明。

◆ 提案型的綜合型簡報案例

　　如果是擬定年度行銷活動的負責人，思考製作年度行銷計畫的簡報目的，的確是讓受眾透過簡報，瞭解未來整年度行銷活動內容規劃，透過四個季度、十二個月、五十二週作為活動內容的時間軸。但這份年度行銷活動的綜合型簡報是在呈現「活動內容」嗎？老闆或決策高層主管要聽什麼內容才會有感？

　　活動內容固然重要，但**在年度計畫的規劃中，並不需要事先針對每個活動細節說明，真正最重要的目標，該是圍繞在「活動整體預期效益」、「整體預算成本支出」與「活動執行時間軸」的預估**。如果在年度計畫中，沒有搞清楚真正的目的，

就會遇到報告完簡報後，受眾依然無法全盤式瞭解內容，也很容易在年度計畫的會議被詢問到活動內容細節（因為簡報內容都是說明活動細節，導致聆聽受眾都在詢問細節問題）。

常遇到的狀況是明年度預算緊縮，但又要維持相同的預期效益，因此思考怎麼切入年度行銷活動提案，便可以從過去的行銷活動的結論，提出具有潛力的最佳方案與計劃方向。

再來是活動計畫總表，最重要的部分則是整年度行銷活動的年度預期效益、預期成本（或預期人力），結論就會產生如「明年度行銷活動主目標為○○○，預計每季○個大型活動、○個小型活動，年度總預算為○○○，線上廣告宣傳費用○○○，線下實體活動費用○○○，預期效益可能達到○○○的營收、獲得○○筆消費者資料與○○曝光點擊率」，依照這樣的形式，將更能讓決策者覺得放心，並可以做出後續決定。

如果是針對年度新產品的提案，這份簡報內容對於客戶的目的是什麼？以及客戶真正在乎的價值或痛點是什麼？如果是產品，它與對手的區隔是什麼（客戶想的是如何販售）？對於消費者的價值與效益是否會增加其他營收（客戶投入的資金還能獲得什麼好處）？是否能夠賣很久（攤提回收預測計算）等。

當製作者有這些概念後，簡報內容自然就會偏向客戶思維，命中的機率就更高，簡報就不再是產品的功能介紹。

◆ **大型活動專案的簡報案例**

如果是要參加大型展覽活動的提案，簡報內容是讓老闆或上司瞭解展覽位置與展覽內容概念，但最重要的引導目的，其實是「透過展覽內容傳達公司或品牌的核心價值」、「市場競爭者位置」與「空間給消費者或買家的體驗感受」，相關預算成本與需求人力則是可以依照過去的預算金額為基礎，而這類型的綜合型簡報重點在於市場現況說明，搭配展覽內容的主軸核心目標。

為了讓決策者認同活動提案並同意執行，要站在更高的層面上去強調如何將公司品牌與大眾消費者做連結，或是能夠拓展哪些商業生意管道、在展覽過程中能夠蒐集哪些資料、展覽結束後能夠檢討哪些細節，以作為明年度的資料參考。綜合上述，將更能說服與達成展覽活動提案的通過率。

針對場地活動提案而言，客戶在乎的是與其他活動的差異（吸引消費者為什麼要來）。不單純是活動本身價值，再往上一層對於品牌的價值（活動能帶動品牌的好感度）、對於客戶

品牌版圖能增加什麼優勢（把消費客群拉大），簡報提案就不單純是針對活動內容，而是舉辦活動能為客戶帶來多少價值，讓價值大於預算。

◆ **募資計畫的綜合型簡報案例**

　　常遇到新創公司進行募資 Pitch 或參與創業聚會等大型活動，希望透過簡報宣傳，向受眾介紹品牌、產品或創新服務，並使用相關市場資料佐證，是有機會可以生存於市場上或是具備足夠的潛力市場，因此通常募資 Pitch 的綜合型簡報，不只是介紹過去團隊所完成的成果，更需要結合市場趨勢資料佐證。

　　但要能夠真正讓投資者願意掏出資金挹注，其真正的目標在於「背後隱含的市場規模含金量」、「永續經營商業模式」與「預期能達到損益兩平的時間」等（募資 Pitch 有很多種類型，此目標只針對部分募資團隊，不一定適用於所有募資場合）。職場人如果有機會能夠參與類似活動，請務必把自己當成老闆與消費者，從公司經營角度與市場商機角度來看將會非常有趣。

　　募資案例也有針對線上產品開發類型，在產品尚未確定生

產前，希望先獲得產品後期製作的金額挹注，或是希望藉由募資手段，測試產品在市場上的聲量與銷售可能性，也有希望藉由募資平台曝光來達到宣傳效果等。此類型的相關發聲平台相當多，從 Kickstarter、Indiegogo、Flying V、嘖嘖等，每一個募資簡報的製作都依照所要達成的目標來調整，希望受眾掏錢、受眾認同或其他目的。

　　以上所陳述的綜合型簡報內容，可能無法適用於所有情況，請務必針對所面對的現況與目標調整。

4.3

綜合型簡報的
平行軸線如何分配

資料搜集與排列分配，
不一定是過去、現在、未來的時間軸。

　　延續上述章節，製作一份綜合型簡報，最重要的事情在於簡報製作者要非常清楚題目與目標為何，再來就是要設定受眾的感受與希望的行動方向，兩者都設定完成後，就要談如何製作好一份綜合型簡報的實際執行面。下面以職場上會遇到的綜合型簡報為例，包括前期「跨部門資料搜集」、「依照資料調整架構」與「如何排列組合資料」等三個部分來說明。

◆ 跨部門資料搜集

　　從進入公司開始，只要是參與中、大型專案會議，可能都會需要協調各部門資料與人力配置討論，並面對橫向的跨部門溝通與資料索取階段，所以在製作綜合型簡報前，一定要先溝

通清楚與確認簡報題目與需求目的，再從邏輯架構與頁面呈現上，確認需要哪些資料，並各自是從哪個部門窗口索取資料。

　　製作一份職場內部的綜合型簡報資料，幾乎都要透過不同部門獲得（越大規模的公司體系，部門分得越細）。例如像許多原始資料需要由資訊部門提供、產品資料由各單位產品經理提供、相關業績資料由會計部門提供、經銷商資訊需要聯絡各地區負責主管等。但在串連跨部門的資料量之下，並非所有部門都能得知你到底真正需要的資料是什麼項目，以及實際上還有什麼資料可以輔助這份簡報，因此溝通這份簡報真正的題目與目標也是必要的說明。

　　關於簡報前期的資料搜集心法其實和料理有著相同概念。我在求學期間的平面設計課程中，獲得良師指導一個非常受用的觀念：設計一個版面就像炒一盤菜，要炒好一盤菜，一定要先準備好所有材料、配料與調味料後才開始炒菜，而不是炒到一半時，才發現配料少了再跑去準備，不僅浪費時間，炒出來的菜也不好吃。

　　這也就是為什麼在使用電腦製作簡報前的資料搜集階段，務必先思考盤點會使用到的資料（尤其是數字資料），要先確

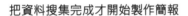

把資料搜集完成才開始製作簡報　　　把材料都準備好才開始料理東西

認是否都具備,某資料的來源是誰、如果需要透過其他部門協助才能有的資料需要多久。如果時間上允諾,請務必把所有可用的資料先搜集至少八成以上,包含文字、圖片與相關資訊等,再思考要製作出接續的簡報內容,而不是製作到一半才發現沒有這部分資料,不只重新花時間尋找,也影響到簡報畫面架構與製作時間。

另外搜集資料的截止時間,也需要在溝通的階段確認清楚,因為各部門都有自己的部門行程、專案執行進度與內部作業流程,因此需要其他部門支援的資料時,請務必在前面就先

把資料需求告知對方，才不會都囤積在自己手上，導致簡報製作期限延遲。

如果需要的是公開資料，除了基礎的 Google 網路搜尋之外，市場面的基礎資料更是可以利用政府機關的調查結果，例如台灣地區鄉鎮人口數、性別、比例、收入等基本資料之外，特定產業的市場也可購買進出口資訊、百貨業者相關業績、市調公司資料庫等，如果是實體發行物，如報章雜誌內容擷取，則可利用國家圖書館取得資料。

◆ 依照手中的現有資料調整架構

在拿到外部資料與跨部門資料後，還需要消化與檢查的時間。但如果在有限時間內，無法拿到當初所設定的佐證數據或相關資料，或是在與其他單位溝通過程中，發現與自己所預期的資料結果不符、所導出的數字有落差，這時候就要因應調整綜合型簡報的架構，以及重新思考內容串接的邏輯脈絡。因此在製作綜合型簡報的過程中，是隨時依據手上資料做調整，並不一定會依照當初所設定的方向前進。

例如，利用過去資料證明業績的下降趨勢，原因在於來客

數的減低，而來客數減低的可能原因在於區域人口變少，但區域人口通常不會有大幅度的外移或移入，公開資料也不會針對幾天或幾週的區域人口做調查，因此如果無法拿到相關區域資料，或有效的證明區域人口影響到來客數減少，這時候就要調整證明的方向，可實地從周邊店家的日發票張數來確認，或是利用加入其他因素，像是氣候條件的變化影響等，去佐證來客數降低的背後影響因素。

◆ 如何排列組合資料

在搜集完綜合型簡報所需要的資料量後，再來就是將資料進行排列組合，包含過去、經歷、潛力、現況、價值與解決六個區塊要素，依據簡報所要達到的目的，開始進行排列組合。而六個區塊的資料順序沒有一定從過去、現在到未來的時間軸排列，也沒有全部元素都要放入頁面中，口述可能是先講未來的目標，先讓受眾有感或產生疑問，再呈現現在與過去的經驗，作為解釋未來目標的預測基礎與可執行程度，或是針對未來三至五年的目標作為主軸，不會著墨太多在過去的資料。

如果不知道該如何排列資料，可以使用土法煉鋼的方式，也就是可視化的實際技巧。先將所蒐集到的資料重點內容，各別寫到便利貼上，因此以目前手上的資料量或許會有數十張在

陳述過去、經歷、潛力、現況、價值與解決六個區塊要素。準備好後，就針對這份簡報的目的開始進行便利貼排序，覺得哪邊順序有問題，就移到其他位置或拿掉，這種可視化方法適合多人討論進行，而且會比在電腦上瀏覽更快找到正確順序。

關於綜合型簡報的頁數設定，是影響資料組合與說明最直接的關係。

有時候可能因為簡報所擴及的範圍較廣，需要描述很多類別，頁數就會產生數十頁，甚至上百頁都有可能。但在講述一件事情的過程中，無論是幾頁、數十頁，甚至數百頁，都要依據聆聽受眾的認知程度、注意力與目的需求考量。

簡報頁數多寡，並沒有所謂對或錯，都是依據聆聽對象、時間長短與目標需求調整，也因為場合關係，簡報多數是以簡單清晰為主，而較多頁數的簡報類型，通常適用於品牌發表會，有自己的場地與足夠時間的情境下所使用。

4.4

如何提升綜合型簡報能力

口訣就是「抄、操、超」，站在前人的肩膀前進。

　　閱讀完上面章節，你可能會產生疑問：「我該如何增進製作綜合型簡報的能力？」扣除對於某些專業的天分，職場上的任何專業，最直接的方式就是先看（抄）後練習（操）。將所謂好的過程或成果，藉由模仿學習成為自己的技能（抄），再透過大量持續的練習（操），能夠比其他人更有優勢（超）。

抄	操	超
藉由模仿成為自身技能	透過大量持續練習時間	獲得個人優勢能力價值

　　「抄」的意思是藉由彼此的長處互相激盪，創造出更好的成果，這也就是為什麼在某些職場上，當身邊都是能力具有一

定程度的工作夥伴，自己的能力也不會太差的原因。如果發現身邊有更突出的人，某方面很值得學習，請不要客氣的從旁學習，在無數次的練習經驗積累後，能力自然就會提升。

用另一種經驗來說明，其實最容易學會游泳的方式，是先看到專業的游泳選手競賽後，再來就是直接到水裡，熟悉自己身體在水下的感受。如果能與厲害的選手一起練習更好，藉由學習他人的泳姿調整自己，久而久之自己的泳技也會提升。只是在家中空想或是把所有可能狀況在腦中模擬幾遍，都比不上直接待在真實的戰場更有效用。

◆ 要抄誰的？從何抄起？

我建議的方法是由內而外的學習渠道。內部是從上司所製作的簡報溝通邏輯開始學習，外部則是從所接觸的廠商提案開始著手，藉由具有實戰經驗的廠商所製作的綜合型簡報內容與說明順序。

為什麼要從外部廠商與內部上司著手，因為兩者都是職場人最有機會接觸到的管道，或許上司的簡報並沒有太美，但能夠過關，絕對有值得學習的地方。外部廠商提案更不用說，為

什麼公司會接受對方提案，一定是在簡報內容上有擊中痛點，或是對方怎麼針對自己公司的問題來思考簡報內容，這些都是可以驗證、詢問，且輕而易舉獲得的經驗資訊。

如果目前無法接觸到大型專案或高層會議所需資料，建議可多接觸外部廠商前來公司提案的簡報內容，因為對方和公司幾乎都是第一次接觸，前來提案的廠商都會準備綜合型簡報，內容包含公司團隊介紹、市場產品資料比較架構，以及都會強調為什麼要選他們公司合作？他們如何幫助公司達成效益？他們的服務內容強調什麼？除了這項提案外，還有哪些其他服務？外部廠商已經針對多間客戶進行提案，也已經證明簡報內容有其成功的理由（拿到客戶的合作訂單），相信能夠在裡面尋找到很棒的簡報案例。

另外關於上司以前所製作的簡報檔案，可以直接與上司溝通，可否將相關提案檔案印出來或寄出電子檔，如果上司允許，甚至與上司討論當初製作簡報的目的為何、簡報內被詢問到的問題等，都是可以增加綜合型簡報的經驗。如果在公司內已經會接觸大型專案簡報的資料製作，或是能夠協助上司製作年度簡報類型，相信對於綜合型簡報也已經具備相當程度的認知。

◆ 累積經驗，就是前進的不二法門

　　「抄」的簡報製作階段之後，再來就開始進行「操」。藉由多次的溝通經驗、邏輯架構練習、內容思考與實際成果，一次又一次地累積經驗，就是前進的不二法門。從抄到操的階段，從模仿簡報製作、大量練習思維邏輯到實際操作軟體的過程，當接觸的次數與時間相乘，相信在一定時間後，就會有機會達到「超」的層次。

　　「你必須很努力，才能看起來毫不費力」，是提升能力的不二法門，尤其從運動員的例子更容易發現到，這也解釋了為什麼有些選手能在比賽過程中輕鬆擊敗對手，因為背後代表著他們在訓練量與時間上花費了極大的心力。

　　NBA 洛杉磯湖人隊已退休球星 Kobe Bryant 凌晨四點的故事，更是令人打從心底感到由衷的敬佩，以及為什麼在競爭激烈與高水準的 NBA 球場上，他就是能比其他球員更高一個層級。

　　這是發生在夏季奧運美國男籃訓練時的故事。訓練員與 Kobe 交換電話後，他告訴 Kobe，如果想要有一些額外的練習就打給他。幾天之後，Kobe 在早上四點十五分，打給訓練員要一起至場館練球，當他們練完七十五分鐘後，訓練員回旅

館睡覺，直到早上十一點，美國男籃全隊開始練球時間開始，訓練員走向 Kobe 詢問：

　　訓練員：「你早上練到幾點結束？」

　　Kobe：「結束什麼？」

　　訓練員：「你幾點離開體育館的？」

　　Kobe：「我練到現在。」

　　Kobe Bryant 從清晨四點與訓練員的單獨練習完後，至早上十一點團隊練習時間，自己不間斷地已經先練習了七個小時，再接續團隊練習，這代表著強烈的自我要求與長時間的自我練習。

4.5

綜合型簡報的
延展九宮格概念

綜合型簡報的邏輯架構適用於各種提案。

　　職場上所面對的任務幾乎都是「結果論」，企業也常在談關鍵績效指標（KPI），無論中間過程是熬夜多少天製作，最後以產生的結果作為指標。如果是好的成果，中間的努力就好像是能量與養分，但如果花費很多心力與時間來製作一份簡報，最後卻無法達成任務或是簡報並沒有讓老闆、上司或客戶買單，結果就是零，不會因為努力了多少而有同情分數，這就是職場。

　　努力製作簡報卻沒有達到目標，就代表是失敗的簡報，但在整個職場人生的工作經驗中也是失敗的嗎？答案絕對不是，因為中間所積累的經驗視為「過程論」，**攤開整個人生的工作時間軸，這次的簡報失敗就只是其中一個非常小的點，而每一次的失敗小點都墊著下一次成功的基礎。**對於這種挫敗感，就

如同已經畢業並在職場上謀生的自己，再回頭看當初求學途中面對到所謂的「極大挫折」，都會覺得以前的挫折變得如此之小，而且也是遭遇過這些挫折或失敗，才會造就現在的自己。

「這份簡報如果是六十分，你的這份就是三十分，可能連三十分都沒有」、「這張圖可以表現出我要的效果嗎？不行的話不會主動去要嗎？」、「我現在時間很趕，還要這樣一頁一頁教你」、「你就做這樣子而已喔，還有其他的嗎？」、「你到底還要做多久？」、「我看不懂你到底想表達什麼耶」……甚至也遇過上司看著簡報不發一語的搖頭嘆氣等，以上都是我曾經與老闆或上司溝通簡報內容的真實情節，挫敗的經驗真的就跟每天吃飯一樣，每次交出去的簡報就很像學生被批改作業一樣。

但只要有機會參與製作各種大、中、小型的簡報提案企劃，儘管只是其中一個頁面，我都會積極爭取，因此每一次的訓練其實都是在提高自己的眼界、層次與格局，雖然每次面對的情境不盡相同，但整體的基礎道理都是共通的，因此拉開將近數十年的工作人生，雖然今日的失敗經驗，未必會立即形成決定性的影響力，但在未來某一個時刻，這項錯誤的避免能力就可以幫助自己突破難關。

製作各種綜合型簡報的經驗，可以延伸至任何目的、場

合、情境。

　　如果你已經可以純熟地融會貫通其邏輯脈絡，其實它可以被應用在任何地方，例如為特殊性產品宣傳、專案進行募資、宣傳某個思想、幫助候選人宣傳等，都可以使用同樣的邏輯脈絡來經營，甚至藉由產出簡報、影片或其他輔助物宣傳，都能增進對受眾的影響力。

◆ 從九宮格思考簡報的全面性

　　無論遇到任何專案、計畫或想法，首先需要確認的是製作這份簡報的目標為何，將目標設為中心點，從透過目標設定整合需求資料，我將思考簡報的整個階段參照九宮格的方式呈現。

　　九宮格的概念，是我最初從網路上看到棒球選手大谷翔平的九宮格目標達成法開始，針對圍繞中心目標的各步驟，每一格都還有自己的九宮格細部作法，對於要達成任何目標是非常具有執行性的步驟與方向。九宮格的原始出處是松村寧雄在《曼陀羅式聯想筆記術》（智富出版）一書提出的「MY 曼陀羅格式表」，可用來思考建立人生與工作的目標、事情規劃、持續行動的日、週、月執行計畫。

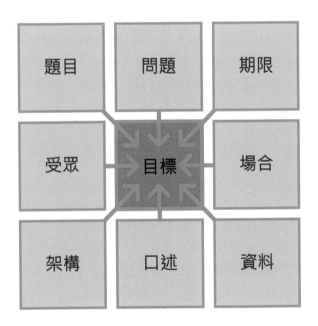

　　從前期溝通人的階段過程中，確認此次題目、所遇到的痛點與問題，以及最重要的期限為何。進入到中間階段，則加入簡報受眾的思考點，包含價值觀、思考、情境等元素和這份簡報所使用的場合。

　　當前置步驟完成，就開始針對內容架構、頁面連結關係開始規劃，現在的起點（過去、現況）到終點（目的），盤點手上的資源，包含過去可蒐集到的所有資料、相關的市場趨勢與數據資訊的整理，以上大致搜集完成後，則接續思考口述邏輯，從為什麼的原因（Why）、如何達到的過程（How）、因應的產出物（What），來決定資料說明的順序，形成整個簡報主軸故事脈絡，最後依據個人所累積的經驗製作後形成結果。

　　而最重要的則是透過簡報，要讓受眾聆聽完後會產生什麼想法或行動，綜合以上元素，形成延展性的簡報九宮格概念，職場人可以思考每一格的對應答案來完成簡報架構與邏輯脈絡。

4.6

當有了目的，
怎麼表現出來沒有限制

簡報只是表達思維的途徑之一，
請務必大膽使用它。

除了綜合型簡報本身的邏輯架構與鋪陳內容之外，我們把綜合型簡報的用途，重新使用另一種描述的文字來呈現：談的是「用一種有邏輯的方式來表達想法」，製作的是「使人易懂的視覺畫面呈現」，希望達到的是「讓人理解某件事情或獲得回應」。

如果你聽到一種有邏輯的方式來表達想法，並且利用易懂的視覺畫面呈現，讓人能夠理解或獲得回應，第一個想到是什麼媒介？

要符合上述條件，「簡報」只是其中一種媒介，其他像是手繪、手寫、影片、動畫、網站、APP、電影或表演等，也都是透過有邏輯的方式與易懂的視覺畫面呈現，並讓受眾理解的

一種有邏輯的方式來表達想法
+
製作使人易懂的視覺畫面呈現　　
+
讓人理解某件事情或獲得回應

傳達媒介。儘管簡報多數所使用的場合大部分都是職場，但相對於職場人而言，透過學習其他形式，也能夠達到與簡報相同的效果。

例如近幾年網紅的崛起，使用具有個人強烈風格與鎖定特定主題故事（用一種有邏輯的方式來表達想法），配合現今網路平台 YouTube 與生活化的話題與場景呈現（易懂的視覺畫面呈現），作為與消費者溝通想法的媒介（想讓人理解某件事情或獲得回應）。

影片主題形式包含利用特定主題故事來吸引可能的目標觀眾、討論各種社會現象的看法，甚至是專業性知識的講解等，

但最終目的都是引起受眾的興趣，利用表達自己的看法影響受眾成為粉絲。

◆ 從動畫、網頁等其他媒介看思維表達這件事

透過電影或動畫的呈現，也是導演這個角色想要表達對某些事情的思維展現。例如日本動畫大師宮崎駿所拍攝的動畫系列，不論從畫面、角色、故事情節、場景，都在展現對某些社會時事的省思和感嘆、對於戰爭的厭惡以及逃離至世外桃源的夢境等。

宮崎駿在《出發點 1979-1996》（台灣東販出版）這本書上提到：「我認為創作動畫就是在創造一個虛構的世界。那個世界能撫慰受現實壓迫的心靈，激勵萎靡的意志，能化解紊亂的情感，使觀者擁有平緩輕快的心情，以及受到淨化後的澄明心境。」這就是想讓觀看動畫的受眾，理解他所要表達的意念。

思維表達方式如果延伸至網站頁面，從畫面呈現、連結順序與點擊效果等架構，類似於樹狀圖或流程圖的使用體驗，網站的畫面也如同簡報頁面一般，都在透過一個畫面接著一個畫面的過場方式呈現。

　　例如觀看蘋果官方網站的產品網頁，由上往下滑動瀏覽，就像在呈現每一頁的簡報內容，把視窗當成頁面範圍，所呈現的排版、色調與文字，就如同簡報內的頁面排版，無論是產品展示角度、標題與內文的字型大小、字體選擇、圖片與文字的留白距離、功能介紹的轉換動畫等，都是製作簡報時可參考的範例。

　　如果透過實際的動作表演更是能表現出不同維度的感受，例如在畫面上較難感受出重量、確切尺寸、強烈的律動或微小的氣音。當今天想要展現「輕薄」，如果畫面上只是出現牛皮紙袋和 MacBook Air 照片，或是放大後的錢幣寬度與產品比較，只會依照每個受眾的過去經驗來衡量。

　　但如果是 MacBook Air 瞬間滑出牛皮紙袋，對，就是這個 A3 大小的牛皮紙袋，或是從口袋拿出一枚硬幣，對，就是這麼小，這在畫面中是無法被比擬的，因此動作表演也是一種易懂的視覺呈現，也更能讓人產生平面視覺所感受不到的臨場感。

　　當然簡報相較於影片、網站與表演，有幾個很重要的優勢，那就是簡報在職場上是常被使用的，同時被當成主流的溝通工具，非常容易學習，進入學習門檻相對較低，可在很短的時間內產出，因此在職場上絕對是值得投資的一門功課。

4.7

職場表達永遠都有新東西

藉由各種嘗試與多元學習，
尋找喜歡且能將思考視覺化的工具。

　　進入職場後，辦公環境、軟體技能、工作氛圍都會隨著時代變動，從封閉式格狀辦公空間到開放式辦公空間，從Photoshop 3.0 至 Photoshop CC，從工作力爭上游是唯一出路到講求生活與工作平衡的職場比重，從戰後嬰兒潮世代、千禧時代至九零後，每一個世代對於職場生活的想像，都套入新世代的價值觀與工具，永遠都會出現更符合時代、更能幫助職場人的工具出現，而簡報也是如此。

　　最早透過幻燈片投影機，一張一張的播放，伴隨著個人電腦軟硬體的升級，搭配 PowerPoint 或 Keynote 簡報軟體，再提升至影片編輯、環境音效與動畫連結等技術，簡易拍攝影片APP 搭配說明就形成一種表達新方式，甚至未來簡報導入 AR技術的臨場感受，將讓表達的層次與效果提升至一個全新的體驗境界。

◆ 簡報軟體的多元性選擇

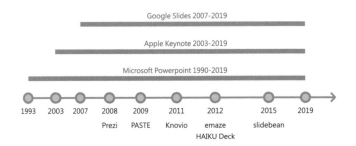

綜觀現今各簡報軟體的歷史發展，目前被大眾所學習與能夠取得較多相關教學資訊，不外乎是從一九七〇年誕生的 Microsoft PowerPoint、二〇〇三年的 Apple Keynote 兩款的簡報軟體，二〇〇七年則加入 Google Slides 的競爭之外，其實從二〇〇八年開始，尚有許多利用現成架構的簡報軟體，讓不擅於製作簡報設計或沒有太多時間思考簡報的邏輯架構者，可以使用市場上所謂速成版的簡報軟體，速成版指的是就像填空題一般，把該有的部分填進空格，其他過場、主題、順序都是內建安排完成，不只縮短時間又能更快上手。例如 Prezi 軟體，將過場效果結合架構，幫助職場人跳脫傳統的簡報單頁跳頁模式。另外像是線上簡報軟體 Slidebean 或 Paste 的類簡報軟體都很值得試用，提供給各位職場人參考。

◆ 簡報與網頁其實有最相似的轉換過程

簡報的播放流程，還是以一個畫面接續一個畫面的方式，或是藉由增加轉頁的動畫效果，讓受眾感受主題轉換、過場與時間差，而影片在製作上則是在影格上的接續，但中間過場的時間可能只有 1/16 秒，以至於肉眼是較難辨別畫面的轉換，除非是場景改變的情況。

因此在觀看感受與簡報最相似的媒介，其實就是網頁。

網頁除了部分具有特殊設計的首頁之外，視覺能夠接受的資訊畫面範圍，都是透過點擊或下滑畫面，對於受眾而言，在觀看簡報頁面與網頁是有相似的轉換過程。每一次看到新奇的網站首頁，就會點擊並瞭解其內容，拜 RWD（Responsive Web Design）技術與一頁式網頁瀏覽特性，無論從手機、平板至網頁進入網站首頁，都能享有最佳的視覺效果，例如點選蘋果 iPhone 產品頁面，由上至下瀏覽一遍，你其實已經很清楚產品的主要訴求與特徵重點，再來才是點選想更深入瞭解的部分，這個過程就類似像在讀一份產品簡報的順序。

依照由前至後的時間軸，媒介本身也影響著觀看順序與方式，簡報本身屬於單頁平行式的複製思考，就是一張接著一張的投影片，是一格一格的頁面瀏覽，是屬於平行式的思考方

式，網站部分則是屬於由上而下拉的垂直方式或是單頁發散連結的方式，透過首頁就可以點選連結。

◆「職場表達」可以有很多種形式

最後將職場簡報的目的重新轉換一個方式，談「職場表達」這件事。

表達有很多種形式，其實，只要能夠達到溝通目的就是成功的表達，並不一定需要「簡報」這個媒介。有些人不擅於電腦，但使用一枝鉛筆就能把腦中的思考畫面完整地表達出來，我也有接觸過很擅長使用類比關係的演說者，讓受眾一聽就懂的口語技巧演說者，像是 TED 講者 Bryan Stevenson 沒有使用任何一張投影片，就可以簡單並清楚地描述出社會議題的力量，或是講者可能只使用三張投影片就講完全場的情況等。

因此在職場上，**絕對沒有所謂一定需要怎麼表達才是正確的方式，只要展現出自己的專長，比其他人更能迅速地達成，或能夠透過什麼方式讓雙方都能清楚的了解，就是正確的**。無論透過哪種嘗試與學習，只要能尋找到自己容易上手，以及能夠快速與眾人溝通，它就是好的工具。

第五章

職場簡報的
七大思考心法

5.1

沒有什麼比實際操作的
「基本功」更重要了

依靠科技縮短學習路程，但依舊是練習、練習、再練習。

　　任何專業都有其基本功，其背後就代表著**「動作重複、時間持續、思緒集中」**。隨著日積月累的練習，形成某項熟練的技術，就有可能朝所謂的職人目標前進。但就目前職場世代與時代變化之下，職場上開始出現 I 型、ㄇ型、T 型、兀型、／斜槓等工作性質，代表某單項的專業情勢已經開始產生變化，不再是傳統所認知的職場觀念與工作模式。

　　我觀察目前職場上的所需技能，漸趨呈現「專業跨領域」與「學習簡短化」的歷程，原因在於現今科技應用與線上技術共享，今日要學一項新技能，從零分到六十分的學習時間路程縮短，儘管要突破至八十分仍需要相當的時間磨練，但對於職場人來說，兩項六十分的半專業技能合併，可能會比單項九十分能夠產生更大的綜效。

　　例如同時具有基本的剪輯影片技術與網站架設基礎、販售鍋具又懂烹煮料理者、傢俱設計師與 DIY 手工製作等，兩種技能結合能具有相輔相成的效果，當然要將專業技能提升至新的層次，還是需要持續練習與積累。

　　開始學習基礎簡報，或是正在學習簡報製作的職場人或許會有疑問，到底我該花多少心力來學習簡報，需要多少小時才能達到基本功的門檻？我建議的時間比重是利用約百分之十至二十的下班後時間，來學習職場上百分之八十會遇到的簡報類型即可。

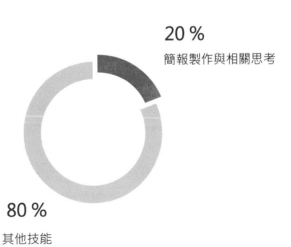

20 %
簡報製作與相關思考

80 %
其他技能
語文、軟體、觀念、其他專長等

◆ 為什麼不是花百分之百的時間來學習簡報

因應不同產業、公司、職位與專長，在整個職場人生中，所需要學習的相關技能、角色思考、職場觀念都不盡相同，使用簡報的頻率或需要製作簡報的次數也有所差異，而且職場學習的範圍包含軟體、語言、技能或其他專長領域等，除非是常需要使用簡報提案、常需要製作簡報或資料給老闆或上司、常有簡報接案需求者，不然對於一般職場人學習簡報的比重，建議每週約在百分之二十以內的時間即可（包含閱讀與簡報相關報章雜誌、聆聽演講、線上課程學習等）。

如果計算自己每週有十五小時的個人學習時間，簡報學習時間約一週三小時以內就已足夠，因為簡報在職場上只是其中一種提案或發聲工具，同時是一種集結邏輯、思考、視覺、溝通、策略的成果，透過其他活動的學習，也都在幫助簡報邏輯與思考能力的提升。

簡報練習方式不外乎是實際操作（手）與持續思考（腦）並用。對於職場簡報而言，藉由軟體操作，將思考用畫面呈現出來是最基本的需求，無論是使用 Apple keynote、Microsoft PowerPoint 或其他簡報軟體，找出自己使用起來最得心應手、並可互相轉換通用格式的軟體就好。

　　為什麼不一定要使用 PowerPoint 或 Keynote 呢？對於每位職場人而言，所經歷的職場問題、個人能力、年齡、職務、經驗差異甚大，可能會遇到沒有太多時間學習，而且對於簡報製作完全是空白的經驗，或是一週後就要立即產出簡報、以前根本沒有設計簡報的相關經驗，對於視覺設計根本不知從何學起，但又被上司要求簡報內容要有美感；甚至完全沒接觸過簡報的資深員工，卻被逼著製作簡報，對於軟體操作完全外行……職場上有各種不同的情況，因此只要找到適合自身狀況的簡報軟體，都是好的結果。

◆ 如何提升簡報製作的基本功

　　我們可以從「文字圖像化」與「操作模擬化」兩個部分來解釋，從溝通人到做簡報的流程中，如何能更快瞭解對方需求，轉化使用易懂的圖像，並快速製作出來。

　　「文字圖像化」的訓練，是將一句話、一段文字或一篇文章，思考轉變為簡報的視覺內容過程。從閱讀文字中抓出關鍵字和語意表達，思考要使用哪種類型的圖表或圖像呈現，並利用圖表或圖像架構，讓受眾透過閱讀視覺頁面，聯想出想表達這一句話或一段話的意思。

　　「操作模擬化」的訓練，則是例如看到網路上某一頁的簡報呈現、某一個畫面、某一種簡易動畫，腦中就要開始思考該如何製作出一模一樣的頁面模擬或動畫呈現，藉由快速思考軟體操作的步驟，更能確認自己在操作的熟悉度與速度。

　　兩者的訓練皆代表著溝通的理解能力與頁面的執行速度能力。重點是這兩項能力不需要懂任何繪畫技能，只是一些幾何圖形組合，絕對是可被學習的技能，甚至不需要打開電腦操作，只要平常走在路上就可以練習。

　　接下來，不用打開電腦，也不需要拿筆，請看完以下 A、B、C 三段文字後，利用各十秒鐘在腦海中假想繪製出簡報的畫面：

　　A. 比較甲門市和乙門市的月業績變化。

　　B. 超過一半的客戶要求服務好但收費要低，還有約百分之二十則是一天打好幾次電話來抱怨，剩下的則是一直拖延繳費。這些問題讓我們很頭痛，希望能想出各自的解決方法。

　　C. 請畫出三個相同大小並填入藍色的正圓形，圓形內分別打上字級 18pt 的文字，再將三個圓形平均配置同一水平線

上，圓與圓間距為半圓並等距，三個圓形群組與頁面水平線置中，再繪製一個向下的箭頭對齊中間的圓，箭頭為灰色，最後頁面下端打上 26pt 粗體紅色的結論。

　　各位是否在看到以上三種不同段落的文字，腦海中已經有了大致上的版面內容了？

　　針對 A 的想像，有可能是在一個圖表內（橫軸為月份，縱軸為金額），長出兩條曲線比較變化。也有可能是上、下各畫出月份業績金額的線段，在兩條線段中間為解說上升或下降的趨勢，或是兩條累積長條圖，除了可看出每日的業績成長對比，也可以同時看到堆疊後的總業績貢獻。

　　針對 B，看到百分比，馬上就會聯想使用圓餅圖呈現，或是使用區域重疊方式，想要探索彼此之間的關係，甚至可以使用面積圖，將人數與比例同時展現出來。

　　在假想 C 頁面繪製的過程中，是否腦中就如同看教學影片一樣，隨著文字所述，滑鼠箭頭移到某處，點擊產生圖形，箭頭移到顏色處做選擇修改，字體縮小成為 18pt，再來調整對齊、置中等，整個版面製作過程已經快轉並在腦中大致完成了？中途會不會有不清楚或卡住某一部分？

　　上述圖表部分沒有所謂對或錯的答案，完全依照每個人的經驗思考，這個練習通常出現在從溝通人階段結束後與開始思考簡報頁面前的階段，先將大致畫面快速成型，如果在看到文字後，沒有辦法把文字轉化成圖像，並使用有邏輯的方式講出來，或是手寫簡報頁面的配置與大綱時，在腦中製作的過程中卡住，表示對於「文字圖像化」與「操作模擬化」還不夠熟悉。

◆ 持續這樣練習，實際上的效果是什麼

　　通常在接到老闆或上司的文字指令訊息時，腦中會閃過大致的頁面、排序、內容與圖像，接下來只要快轉如何製作出來，邊用手寫邊思考的過程中，畫面逐漸清晰，同時加強版面關聯故事性，最後使用電腦製作的時間就會快速縮短。

　　另外我很喜歡做一種練習：在街道上看見某段文字或一張海報，讀完文字或海報內容重點後，在腦中轉化成一至二頁的簡報內容，重新呈現與這張海報相同的內容。或是在書籍或網站上看見喜歡的簡報類型、版面、顏色案例等，也可以使用軟體來練習從無到有，在多次繪製過程後，自然而然就會增加基本功。

　　這種訓練可以讓自己快速抓出重點或關鍵字，並將文字轉

化成圖像。整段過程有可能很快，或者需要花一些時間，這取決於自己對此段文字的理解程度為何。而**在職場上，從溝通中直接抓到重點，並快速轉化成為簡報頁面的視覺圖像，就變成很重要的簡報製作基本功。**

5.2

邏輯架構與視覺呈現的「比重」思考

零至六十分，六十分到一百分的階段。

　　只要常在網路上閱讀簡報類相關文章，不難發現市場上有眾多簡報教學流派，因應各派別創辦人或講師個人經歷，所著重的簡報思維與觀念架構也各不相同。各簡報相關內容，通常會針對簡報的某個面向說明，可能是強調如何製作速成的簡報版面呈現、提供簡報架構版型下載的填空教學、下載 icon 圖案來調整視覺版面等。市場上眾多簡報類書籍，多數是談論簡報基礎架構的思考與速成的基礎視覺觀念（包含基礎的顏色搭配、主副標題配置、字體大小的選擇與版面留白等），以上對製作職場簡報都相當有助益。

　　但對於職場人而言，在這麼多的議題方向之下，可能沒有太多時間學習，或不知道該怎麼抓學習比重，在想要盡快上手的時間壓力之下，簡報邏輯架構與視覺呈現到底哪一個比較重要？是否可以兼顧？還是先從哪個著手會最恰當？其實職場簡

報沒有絕對的答案，標準是依據個人公司類型與職務來調整，絕對沒有一個版型或一個流程是可以套用在所有簡報上的規則。

◆ 一般職場簡報內容的通則

　　傳統簡報製作的邏輯架構，都是從簡報綱要、所發生的問題切入、講過程與解決方式結束。但這種邏輯架構並不一定適用於其他產業，例如廣告業或媒體業，簡報提案呈現可能是要表現出創意、畫面美感，如何用畫面講出生動的故事，如何讓受眾產生深刻印象，其中整體提案的邏輯架構未必需要從頭開始鋪陳，也可能採用倒敘法，把畫面結論先表現出來，再來慢慢回憶之前的故事橋段，甚至搭配強烈的聲音、影片、視覺，達到想要給受眾的強烈感受。

　　但就一般職場簡報內容的通則，大致區分邏輯架構與頁面視覺兩者，我認為兩者的關係，如次頁圖所示。
　　邏輯架構是基本，目的是讓人「讀懂」。
　　頁面視覺是提升，目的是讓人「易讀」。
　　如果以滿分來說（同時具備符合邏輯的敘事架構與頁面排列的視覺美感），具備基本的邏輯敘述架構，並能讓受眾瞭解

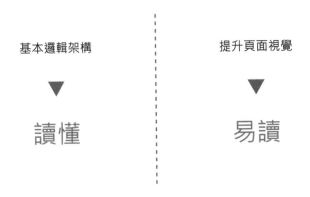

讓人「讀懂」與「易讀」的簡報

清楚達成溝通的目的，至少符合職場簡報的合格標準。但若是再往上精進，則必須在頁面排版上，透過字型、大小、排列、顏色、形狀、比例、留空、圖片等進行著墨，讓受眾可在瞬間快速抓住重點與更舒適的閱讀感受。

如果只是把整段文字全部複製貼上至簡報版面上，除了無法快速知道重點，聆聽簡報的受眾也很容易疲累，沒有明顯區

分內容也容易產生誤判的可能性（一張圖表由不同職場人解讀，就會有不同的結果與執行方向）。

　　這也是為什麼有些上司製作的簡報，內容只是條列文字、使用 3D 長條圖或奇怪圖案還都會過關。因為在公司，**職場簡報「讀懂」的功能滿足了，達成溝通目的後，就能產生後續的決策與行動**，因此重點不一定會擺在頁面的視覺設計呈現，甚至公司文化根本沒有著重在簡報上的習慣。但如果職場人能夠在同樣的製作時間內，進一步把頁面視覺同時提升，就會讓人立即感受到簡報提升與個人價值的差異。

◆「讀懂」大於「易讀」

　　需要特別注意的是，製作職場簡報，請依照各位的職務與公司文化調整，如果職務是需具備基本的設計思維或視覺美學、上司屬於具有相關設計背景並有要求者，或是公司品牌具有一定知名度並有視覺規範準則等，簡報製作就必需兩者兼具。

　　如果職場人是設計相關背景或有多年簡報製作經驗，相信對於頁面呈現與視覺規範，內心會更為謹慎，簡報版面如同平面設計，從天地規則、視覺動線、字體間距、字型選擇、色調

對比、呼吸空間等都需要兼顧。但論及工作場合的簡報，通常不會有太多時間進行排版，因此可先將版型視覺規範訂好，如果本身不是相關設計背景出身，建議可以從網路上搜尋簡報版面（Template）去學習。

　　在職場簡報中，有時候會遇到職場人一直在練習「易讀」的視覺呈現，因為在網路媒體上搜尋許多簡報類文章，都會注重在某些細節的呈現，閱讀者本身如果沒有整體的簡報概念，可能會造成簡報表達沒有重點的問題。

　　當把時間都花在排版、字體或字級的選擇，反而漏掉或沒有著墨在「讀懂」的部分，就會產生簡報頁面整體看起來不錯，但受眾聽完後，仍然不懂簡報的邏輯與架構，這點請職場人務必注意，切勿製作出本末倒置的簡報。

5.3

成功的職場簡報就要
融入公司「文化」的體現

從使用的簡報形式與內容呈現，
就可以看出公司的個性與文化。

　　每到一個全新的職場環境，公司文化的適應常常是最需要
注意的部分，如果是管理階層，更需要快速融入其中。無論是
哪種產業類型的公司文化，通常從參與公司會議就可以略知
一二，從報告簡報內容、與會者態度、上司的工作習慣、部門
的溝通模式，到與高層的討論互動，就可以瞭解這間公司的文
化樣貌。

　　例如各部門製作的會議檔案報告，是直接使用新細明體文
字條列式說明，或直接將 Excel 表格列印出來進行討論，不
會在頁面上畫重點提醒、公司內部習慣用開會來討論事情、與
會者習慣在會議中把所有議程討論完才結束會議、會議結束後
需要馬上彙整會議記錄，並當日寄給所有與會者再次確認方向
等，都可以體現出公司文化。

◆ 公司文化與製作職場簡報的關係

但職場上的公司文化、主管調性及工作習慣，跟製作職場簡報中間有哪些關係？

第一個關係：職場人代表公司，所有對外簡報都代表客戶對公司的直接感受。

第二個關係：職場人需要透過簡報和公司內部溝通，如何有效地溝通就是重要課題。

第三個關係：對於簡報這項技能，在公司內或職務上會不會被重視與展現價值。

因此職場簡報與公司文化絕對是息息相關的，無論身處在何種產業類型，相信製作簡報本身的邏輯都是相通的。但如何利用簡報的力量讓職場道路更順利，請務必謹記，在製作簡報的邏輯思考中，要持續融入兩個影響因子：

一個是屬於對外的公司相關視覺規範；另一個則是對內，加入老闆、上司與高階主管的思考慣性。

通常在跨國企業、外商公司、設計類型公司與相關產業，公司所使用的相關輔銷物、簡報版面、字體格式與顏色都會有

對外　　　　　　　　　　　　　　　　　　　　　對內

公司既有的視覺規範　✚　　✚　直屬上司的思考慣性

相關規範，例如品牌視覺、簡報公版，版面標題與內文比例、內文所使用的字級與字體、顏色搭配，甚至品牌實體通路的空間也都有相關規範。而這些規範的產出目的，就在於藉由統一對外的相關視覺規範，讓外界受眾無論接觸哪種媒介（包含網站、簡報、平面刊物、辦公空間、新聞稿、媒體專題報導等），對於公司都能保持類似的視覺印象與感受。當然如果公司已有制式版型或字型規範，則請依照公司版型規範，再思考最佳畫面呈現的應用。

　　簡報內容視覺調性通常會由「顏色」、「字型」與「風格」所掌控。從科技業 Google 藍、綠、黃、紅四色、家具業 IKEA 的藍、黃色、科技業的 Intel 藍色、影視業 Netflix 的紅色、通訊業 LINE 的綠色等，各品牌的相關平面輔銷物、官方網站、廣告露出、簡報公版、公開演講或品牌發表會等，

都會遵循品牌調性與相關視覺規範，各位可以特別注意以上品牌，無論線上或線下，是否都有延續視覺的一致性。

◆ 簡報邏輯融入上司思考與做事習慣

職場簡報除了視覺版面規範格式之外，另外就是要融入上司思考與做事習慣所形成的簡報隱性規範，如果是製作簡報給上司報告，重點在於如何利用簡報幫助上司更有邏輯性、更輕鬆的表達，並完成想使用簡報達到的目的，以及幫助上司在公司的能見度等，都是極其重要的部分。

但是如何瞭解上司的思考或做事習慣呢？除了面對面討論之外，建議可以先瞭解上司的思考維度，從上司開會所製作的報告內容開始，在參加會議時，聆聽上司習慣的簡報溝通順序與頁面呈現，都可以瞭解其邏輯脈絡的廣度與深度，藉由持續累加上司的思考習慣，來編排簡報邏輯架構與順序，都能提升簡報的過關率與能見度。

但如果公司並沒有任何的品牌視覺或簡報格式規範，以及上司所製作的簡報，都是文字完全填滿畫面的情況下，則可以在簡報中，自行設定固定格式版面來增加簡報的力量。

因應不同公司產業別、行業別、職務別等因素，所需要的

簡報都會有不同的說話方式。再次強調，「絕對沒有一份簡報版型與邏輯架構，能夠符合所有產業的需求」，這也是為什麼市場上簡報書籍所描述的版型，實際能符合需求的少之又少，因此在簡報製作上，還是必需回歸到個人製作簡報實力的積累，與逐步熟悉公司文化的經驗。

5.4

畫面不只是呈現
一個重點內容，
而是如何「連接」下頁

每個畫面都有該扮演的角色，
每個角色都有承接的責任。

　　除了例行性報告的固定格式，簡報需求產生的背後都源自於發現某些問題、產生疑問或需要達到某些目的，進而開始找尋起因與所演變而成的現況，並針對現況提出解決方向或未來可能的行動建議。

　　因此如何在短時間內製作出一份完整簡報，並讓每一頁都具備自己的內容主角與接續配角，也就是每頁的結論都能串連下一頁的標題，帶領受眾就像在聽故事一般，就成為影響簡報是否流暢與記憶的關鍵。

◆ 一個畫面，一件事情

在眾多簡報相關文章中，常常強調的觀念為「一個畫面，一個重點」，一頁簡報只表達一個重點。在一般簡報活動場合上，因為受眾類型多元，使用重點式的提點，的確能獲得最大的記憶度。

但在職場簡報中，所面對的市場變化與所影響的層面廣泛，通常在頁面中會有很多想講解的重點，而且在會議時間有限的情況下，職場人可能會採用多分頁或動畫的方式去調整。但我的建議是，除非自己就是簡報發表者，以及是使用自己的電腦播放，不然不建議使用動畫方式去解決重點排序，如果採用分頁的方式進行重點陳述，則要確認報告的時間是否允許。

簡報製作者最常面對的情況，都是某一個頁面在講述某個事件，但可能包含二至三個要說明的重點，彼此可能是因果（圖表資料顯示結果）、具有某種主題相關性的關係圖面（如主客群消費者與競爭者的多方差異比較）、圖表具有三種以上的線圖交叉比較等，而且會議上往往有眾多的決策者，雖然在觀看同一張圖表，但各自專注在不同的細節上，因此如何妥善排列與接續就會產生困難。

因此在製作職場簡報上，我建議的是「**一個畫面，一件事**

情」，將這一件事情利用比例、順序來標注重點，再思考如何
將前頁的內容與下一頁的內容做連貫，就像鎖鏈一樣串起整份
簡報。

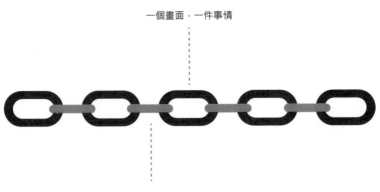

一個畫面，一件事情

如何「連接」下頁故事

　　下面利用案例說明一個畫面，一件事情，並讓每一頁內容
都連接下一頁的開頭，也就是讓口述邏輯更順利的方式。

◆ **如何使用一個畫面講一件事情**

　　如果是要準備給高階主管使用的職場簡報，題目是「今年

業績現況與改善方向」，其實際的應用情況，就是高階主管面對更高層級的老闆或眾董事會成員。通常這種簡報都具備幾項特性：

一、內容頁面需要簡單清晰。

二、時間短但說重點，細節會放在備註或口述（目的可能是在談因為過去三年業績數字狀況，今年的業績數字不如預期，必須提出立即性的解決方案，讓對方許可）。

簡報設定預計五頁，利用時間軸串連脈絡，每一頁都有自己的脈絡：

第一頁是簡報內容大綱說明。（內容有幾頁，分別說明過去、現況與未來的連貫綱要）

第二頁是近幾年至二○一七年底的業績回顧。（過去所發生的）

第三頁是二○一八年的年度現況業績說明。（現在正在發生的）

第四頁是二○一九～二○二一年的預期業績目標成長，以及所提出的短中期行動標題。（未來執行的建議與達成的時間軸）

第五頁則可當成輔助資料頁面與問答。

　　從上述的簡報頁面內容，再往下說明頁面細節如何連貫：

　　第一頁是簡述這份簡報的條列綱要，讓受眾清楚接下來所要講的內容與方向。

　　第二頁是表現主圖表，從穩定的成長曲線變成衰退的百分比呈現。（可輔以各年度活動場次數字與預估花費成本，以及所獲得的業績數據作為基礎）

　　第三頁則深入說明上一頁所提到年度業績現況尚欠的業績總量，再往下細分到月、季的趨勢變化、所搭配的活動成效，可能還要加入團隊人力的簡易說明。（如果遇到人力短缺問題）

　　第四頁就是針對尚欠缺的業績總量，談如何達成與預期的執行條列方向，同時提供具指標的預期時間軸。

　　第五頁可以加強說明執行細節，例如短中期的活動內容規劃圖表，說明策略、戰術與預期使用成本。

　　以上就形成每頁都有自己要說明的重點，但同時具有起承轉合，頁面與頁面之間都有共同的連貫脈絡。

　　另外，如果在準備簡報架構的階段，沒有太多把握表現出頁面之間的連貫性，其實還有另一種方式可以加強，就是在簡報的頁面角落使用過程的標題步驟，並且將標題放置在每一頁的固定地方，就會讓受眾清楚目前的頁面進度。

例如，簡報內容是說明四個階段，每一頁下方的標題就是 A 階段、B 階段、C 階段、D 階段的順序，當說明關於 A 階段時，頁面右下角就有一個 A 階段的小標題，當說明關於 B 階段時，頁面右下角就有一個 B 階段的小標題，讓受眾在聆聽或閱讀時不會產生斷點，也很清楚目前說明到哪個階段。

5.5

職場簡報最常使用的
視覺表現手法就是「對比」

唯有「比較」才會產生差異、選擇及勝負。

　　市場上變化瞬息萬變，因應職場環境特性，職場簡報其實就在強調「如何在有限時間內，表現出讓人清楚瞭解需求或現況問題，並提出能夠選擇、決策與下一步行動的簡報」。其中技巧就在於如何能夠有效表現出「差異」。

　　其實只要在簡報中表現出可選擇、可比較、可對照的條件，就可以技巧性地引導至目的選項，概念在於所設定的比較基準來突顯選項。

　　無論是人生或職場，每一分、每一秒都在面臨選擇，大至選擇當上班族或自行創業、去 A 公司或 B 公司就職、租房或買房、單身或結婚；小至中午要吃便當或速食、要走右邊這條路還是左邊這條路，從廣泛的人生到生活中的細節，只要受到外在條件影響並產生兩種以上的選項，就會產生比較的條件。

　　在簡報中製作「對比」的非一即二選擇，其實在邏輯思維上是有謬誤的地方，當所有事情都被一分為二，分類是簡單明瞭，容易引起某些共鳴，但也會導致產生錯誤的判斷與誤解存在。「不是 A，就是 B」就是引導受眾選擇 A 或 B，但實際上應該除了 A、B 之外，可能也包含 A+B、A-B，甚至 C 或 D 的選項存在。

隱性的強迫選擇

選擇 A 或 B？

　　關於對比、比較、選擇，可以觀看《真確》（先覺出版）一書中所提到的「二分化直覺偏誤」概念，當中講述到我們都會不禁傾向於把各種事物分成截然不同的兩類，以及人類非常傾向於二分法的思考，愛把事物分成迥異的兩類，而且始終在無意間這麼做。書中探討人類的直覺與記者、導演的手法，其實都更能證明對比引導的心理作用。

　　但因為**簡報的功能是引導受眾選擇、決策與思考，因此在內容上安排選項的比較，透過對比突顯另一個選項，自然就會產生強弱的感受，使受眾自然而然進入「隱性的強迫選擇」。**

　　市場上其實很多議題都是使用比較手法，因為這是最容易讓受眾落入只能二擇一的情境條件，如富人與窮人、人生勝利組與人生失敗組、Android 與 iOS、可口可樂與百事可樂、理想與現實等，或是使用有限的範圍內進行強制選項，例如信用卡攻略、選舉等，都是透過兩方以上的比較，讓受眾透過視覺呈現，在腦中思考後，內心自然產生偏向某一方的標準。

◆ 提升簡報頁面對比的視覺手法

　　職場簡報的製作內容，不外乎是品牌或產品的市場定位、廠商的提案選擇、各業務單位的業績展望、針對問題所提出的改善方案等，其實都是以市場某一個變數（通常是以時間，包

含日、週、月、季、年單位）作為比較基準，例如在某個固定時間內數字的對比、A 與 B 產品特徵的對比、與其他市場競爭者的優缺點比較等，而比較的目的都是為了讓受眾感受到差異。

　　除了在內容上進行對比形式，關於簡報內頁製作的設計相關手法，還有什麼能夠提升對比的視覺手段呢？還有哪些形式可以來突顯所謂的「對比」？

　　其實對比手法在設計領域中是很常用的方式之一，透過顏色、明暗、色調、飽和度、大小、位置、方向、形狀、距離、動線、材質、字體，以及空間的對比等，都能讓視覺感受更加強烈。

　　例如產品設計領域，利用不同的工藝製程與設計模擬，搭配實際使用的功能取向，呈現出粗質與光滑的材料質感對比。空間設計利用淺色系加大空間與深色系地板的穩定感搭配去整合對比。服裝設計利用布料材質的屬性創造出層次的對比。平面設計領域則常會使用各種視覺元素去強調在 2D 維度的對比。

　　在簡報版面設計領域中，較偏向平面設計的範疇，但要怎麼快速找到對比的手法，建議可以觀察各式雜誌的封面、內

頁、封底、字型、材質或色塊排版，例如像《*Wallpaper*》、
《*Frame*》、《*National Geographic*》、《*VOGUE*》、《*ELLE*》、
《*TIME*》、《*Forbes*》、《*Wired*》、《*Design 360°*》等雜誌，
內容都有非常優秀的對比視覺表現手法。除了多閱讀相關報章
媒體素材之外，從日常生活中也可注意醒目的招牌、會吸引自
己的視覺輔銷物、任何品牌門市的視覺體驗、各式公開展覽
等，相信都會發現非常有趣的對比手法。

　　但如果公司或職務類型，並不一定都需要透過設計的手法
去強調對比，例如公司類型屬於每日觀看大量數據或上萬筆數
字，不是製作一般傳統簡報頁面內容的對比，而是討論藉由
圖表與數字看出端倪，建議可多看經濟類型、新聞時事雜誌
與網站，例如《*The New York Times*》、《*The Economist*》、
《*Harvard Business Review*》、《*MarketWatch*》等，很多文章
內容是在談論國家與國家之間的 GDP 表現、人均所得比較資
料、人口結構改變或某個政治現象所引發的影響等，這時候通
常都會伴隨清晰、簡單且明瞭的圖表或趨勢線圖，讓人在閱讀
時快速理解整個脈絡，這類型圖表就很值得被學習與紀錄。

5.6

同時使用「鳥蟲眼」
的檢視頁面心法

天空與地面的觀看方法，更能快速檢視簡報整體問題。

　　無論是製作介紹型簡報、資料型簡報或綜合型簡報，在思
考內容資料是否齊全、頁面擬定說明的順序與口述邏輯上，每
個階段都可以使用「鳥蟲眼」的頁面檢視心法，運用這種方式
能夠快速地找出資料欠缺的細節、頁面內容的缺失與口述邏輯
不順等問題。

　　「鳥蟲眼」是什麼？就是鳥眼與蟲眼兩者的結合。

　　鳥眼（Bird's view）：自高處俯瞰整體的宏觀視野，看
到整體的架構與格局。

　　蟲眼（Worm's view）：自地面掌握內容的微觀細節，
看到細部的脈絡與動線。

　　鳥眼思考就如同是鳥飛翔在天空，由上往下俯視的感覺，

鳥眼

蟲眼

自高處俯瞰整體的宏觀視野，
看到整體的架構與格局。

自地面掌握內容的微觀細節，
看到細部的脈絡與動線。

解決口述表達的邏輯不順問題

快速找出頁面所欠缺的細節資料

想像把簡報印成一頁一頁的紙張，全部平攤在桌上，可以快速看到每一頁的視角。藉由連續閱讀每一頁主題，思考每一頁的標題的串連，確保每個頁面的標題都能延續下一頁的起始。透過鳥眼的檢視心法，讓頁面之間的關係串聯完成，就形成簡報的基礎脈絡。

蟲眼思考則是像蟲在葉子上走動，想像貼近在紙張上移動觀看的感覺，能夠看到頁面所有細節，深入每一頁去思考適合使用什麼方式來呈現，例如直線圖、圓餅圖、折線圖等，或是

檢查錯字、文法謬誤等，藉由重複的來回檢視，在使用軟體開始製作簡報頁面時，快速確認簡報頁面的內容。

在製作簡報的每一個階段，我都會使用鳥眼與蟲眼的檢視心法，確保簡報方向沒有偏離，並且兩種檢視方式，各自負責檢視不同的問題面向。

鳥眼最有效的部分，其實就是解決口述表達邏輯不順問題，並讓每個內頁的主標題都具有強烈的連結性。

蟲眼最有效的部分，則是快速看出頁面所欠缺的細節資料，並確保每個頁面都有自己的視覺動線，以及檢查頁面的細節錯誤。

在規劃簡報的內容起頭、簡報頁面資料已大致搜集完成、或是已經完成百分之九十以上的簡報內容與準備要完稿的時間點，都可以進行鳥眼與蟲眼的檢視心法。

下面利用進行頁面的實際分類與製作階段來說明。

某簡報預計五頁，從第一頁一口氣讀到第五頁（鳥眼）。

第一頁：寫出這份簡報要達成的目標與題目。

第二頁：整年度的成果與趨勢，並確認曲線的趨勢與幅度。

第三頁：承接曲線的走勢，視覺導入如何加強的行動方向，並區分成三種提案。

第四頁：呈現加強的行動提案比較表格。

第五頁：說明時程表，預期會完成的日期說明，結束。

深入某簡報頁面，確保每一頁都言之有物，都保持在同樣的平行軸上（蟲眼）。

第一頁：預計利用一句話說明題目與目標，讓受眾能在同一個目的下聆聽簡報。

第二頁：在左半部呈現圖表與突顯線段趨勢，右半部則說明趨勢的原因。

第三頁：經由趨勢線的結果，導出條列方案一、方案二、方案三的改善標題方向。

第四頁：做成一個表格，比較三者的優缺點，包含預算、時間、人力與內容的預估。

第五頁：使用日曆，將重要日期標註上去，讓老闆或上司瞭解什麼時間點會有什麼動作，以及能完成的項目。

在整個簡報製作流程中，鳥眼與蟲眼的檢視心法是可以隨時來回檢視的，並不是使用一次就結束，在思考簡報前、製作簡報中、簡報製作完成後，都可以再次使用鳥眼確認標題與方向是否有偏離，或是頁面之間邏輯連結不清的問題。

5.7
職場簡報資料
與任務成果都是代表「自己」

每一次的產出都要小心謹慎，因為代表著印象標籤。

　　無論是職場新鮮人、實習生到具有多年經驗的職場人，每次交出去的簡報檔案、被交付的各種資料需求或日常性任務，無論任務結果是完成或失誤，給人的感受都是一層一層地堆疊上去，就像在寫個人的工作履歷一樣，在每一項任務完成時，其他人看自己的職場價值，都是透過多次疊加的「印象」積累而成。

　　尤其是職場新鮮人或實習生，比較容易被交付日常性任務，從訂購便當、文書裝訂、公文寄送或整理某部分的簡報資料，這樣的日常性任務中，都可以看出職場人的個性、習慣與態度。

　　例如上司請你將某檔案印出來並裝訂十份，要在下午二點的會議使用。

收到任務後，攤開需要執行的流程，第一步先印製十份並裝訂好，第二步在會議之前放置於會議室桌上即完成。但實際的執行步驟不如表面所看到的一樣，其中隱含了各種細節。

首先在印製前要先確認檔案內容，幫忙檢查頁面是否有錯字或其他謬誤，印製出來是否與檔案有所差異，如果發現有異就要立即與交付任務的上司確認。當一切都確認好後才進行大量印製。

裝訂紙本前要將所有頁面進行對齊，順序不要錯亂，裝訂角度也要保持一致。在印製時我通常會多印一份，避免突然增加與會者導致手忙腳亂。最後在執行完成後，請務必第一時間主動告知上司任務已完成，確認上司已經有收到訊息。

以上這才完成看似簡單兩步驟的文書裝訂任務，若每次都能把極微小的日常性任務完成，自然就會讓上司對自己產生信心。

◆ 每次的簡報或資料產出都代表自己的價值

如果交付的簡報某個內容環節出現錯誤，只要即時更正並且銘記在心，不再有重複的錯誤，職場印象其實是可以被修正的。但如果重複的小錯誤持續發生，不細心的印象就會一直加註在別人對自己的標籤（＃不細心＝你），產生自己等於不太

注意細節的「大概印象」。儘管可能只是偶而犯錯，但卻間接地影響到未來只要是重要簡報，上司在思考人選執行製作時，便無法放心交付到你手上，或是你繳交的簡報檔案，上司還要自行過濾一遍的困擾。

因此在職場上，「簡報」不只是展現個人的邏輯架構與思考層次，各種細節都代表著公司老闆、高階主管、上司與同事衡量你最直接的感受。請記住，**職場上每一次所表現出的「印象」都是持續累積疊加上去，每次簡報內敘事的邏輯（思緒清楚）、細節數字與錯別字（注重細節）、視覺排版（懂版面設計）、表格圖表的應用（資料分析能力）等，都會成為印象的標籤。**

「當你多專注在每一次的成果，成果都會累積回報給你。」

建議在每次的簡報製作完成，在檔案繳交前，無論時間多緊急，請務必從第一頁重新檢查錯字、漏字、數字等細節，因為每次的簡報或資料產出都代表著自己的價值。

柯文哲於二〇一三年 TED Taipei 演講中提到「a 的 n 次方」。如果 a 大於 1，a 的 n 次方就無限大；如果 a 小於 1，a 的 n 次方很快就趨近於零。在網路上也有一個公式符合這樣的

概念，每日都多付出一點或是選擇每日都怠惰一點，每一點的成果都會累加回到自己身上。

$$(\ 1 + 0.01 \ )^{365\,天} = 37.8$$

多付出一點

$$(\ 1 - 0.01 \ )^{365\,天} = 0.03$$

都怠惰一點

運用同樣概念，尤其是剛轉換跑道至新環境的職場人，務必更加注意，從進入公司的第一天就要開始謹慎經營，尤其是在試用期或前三個月的時間，雖然在這期間內可能不會經手太重要的專案，但如能在負責的資料上不出錯或達成某個突破點，或是到職一年內參與某個大型專案，並提供一個其他人可能都不太擅長，但自己卻可以快速產出的部分，絕對都能成為重要的加分印象。

　　如果是具備多年資深經驗的**轉職**或主管階級的**轉換跑道**，則必須思考更快產生可被看見的價值與實際成果。針對問題提出可行性目標的簡報，簡報內容就不是著墨在努力如何達成，而是如何執行與預期效益的完整計畫。

　　如果身為主管階級的你，已經累積相當的簡報經驗，可以開始從自身的細節進行提升，例如增進改善簡報的報告方式、台風訓練與口語清晰度、簡報的鋪陳與製作效率等，在製作簡報的突出點更往前精進。

　　每個世代都隨著時間不斷地往後變成前一個世代，從戰後嬰兒潮、X 世代、Y 世代、千禧時代、九零後到零零後，職場主力的年齡也都在變化，每五至十年就會產生一個年代斷點（Generation Gap），斷點的形成包括成長的環境差異、從小所接收的科技日新月異、接觸的流行趨勢、感受的服務體驗都在進化。

　　但無論身處在哪個世代，每個人都站在一條時間點的平行軸上，有人就學時間就開始接觸與練習簡報，有人工作數十年沒有使用過簡報或不太會製作簡報，有人正在剛開始學習簡報。我認為什麼時候開始學簡報都沒有落後，因為每個人都在同一個時間扮演著不同角色，而**學習思考簡報與製作策略，絕對是能夠幫助自己表達思考與發聲的絕佳工具之一。**

　　寫到最後，我相信透過「簡報」能夠清楚表達自己的思維，
進而影響自己的人生。「簡報」真的是一件非常有趣的事情，
希望閱讀完本書的你也能有相同的感覺。

推薦真正實用的
簡報相關工具

　　我所推薦的都是從我進入職場開始或就學期間，自己持續
在使用的簡報相關工具，以及長期關注能夠幫助自己成長的媒
體，誠摯推薦給各位職場人。

推薦使用的手寫工具：
STAEDTLER Pigment liner 308 代針筆

　　每次思考重要的專案內容時，我都會使用 STAEDTLER
Pigment liner 308，我習慣邊思考文字內容，邊繪製腦中所
想的圖像，而最常使用的是 0.5 - 0.8mm 的粗細。這枝筆最
好用的地方在於無論從哪個角度出水都很均勻，能夠保持一致
的線條筆觸，另外筆桿的握感極佳，書寫起來非常順手，很適

合職場人使用，而 0.05 - 0.4mm 最適合繪畫，無論是設計師、插畫師、工程製圖師等也都很適合，推薦給各位職場人。

推薦使用的簡報配件：
Logitech Spotlight 羅技簡報遙控器

　　每次重要的會議發表場合，我都會使用 Logitech Spotlight 簡報遙控器，已經使用近二年以上，並幫助我拿下公司創意提案競賽首獎肯定。觸感極佳的金屬霧面材質，讓握感與操作更順暢，簡潔的外觀設計，無論在公司會議或外部演講場合都能展現出專業感，除了超貼心的無聲震動提醒時間、藉由手勢可控制頁面捲動或音量控制之外，最重要的是特殊的光點 Highlight 與放大鏡視覺設定，往往能讓受眾在視覺感官上驚呼，更能讓與會者專注在簡報內容，絕對是嚴選好物。

推薦使用的筆記工具：
MOLESKINE 經典硬殼筆記本

　　每一年我都會購買 MOLESKINE 筆記本 POCKET 口袋型或 L 型，無論是國外出差、會議紀錄與個人備忘都非

常實用。針對不同的紀錄內容，我會使用不同封面顏色來區分，讓每一本 MOLESKINE 都有自己的主題故事。在會議場合或思考寫作時，我會選擇使用橫線或方格內頁，並且高質感的硬殼封面，攜帶上也不用擔心會折到內頁或因為擠壓而變形。而最令我感到驚訝的部分，就是自己好幾年前所寫的 MOLESKINE 筆記本紙張和墨水筆跡，幾乎都沒有變色或發霉，這真的讓我更加喜愛，絕對是值得推薦的好物。

推薦每週必看的內容：
「文茜的世界週報」 Sisy's World News

　　「站在全球看世界」，是我對「文茜的世界週報」媒體最深刻的感受，無論是人物簡短刻劃的描繪、國際政治經濟重點、推薦文章、故事，以及在世界上正在發生的細節，都使用生動的文字、照片與影片描寫出故事，透過每次的閱讀新知，都能站在全球的角度思考每一次所發生的事件，絕對是閱讀世界的最佳內容媒體。

推薦必看的職場雜誌：
《經理人月刊》 Manager today

　　職場必讀雜誌！每一次的深入主題，都能讓自己思考職場上所欠缺的部分，以及能夠做得更好的地方在哪裡，無論是職場人士、新創公司或個人創業，相信都能從中獲尋知識與觀念技巧，內容中不只是封面主題故事，在人物的經歷撰寫、職場觀念的解釋或情境的描繪，都具備充實的知識基礎，個人極力推薦。

推薦必讀的職場思考工具：
《哈佛商業評論》 Harvard Business Review

　　「如果職場上的問題找不到答案，就去讀《哈佛商業評論》吧。」這是近幾年持續閱讀所獲得的心得，內容不單純只是談職場觀念、工作趨勢或組織管理，尤其在引導思考與自我管理上更能發揮價值，每次透過閱讀都能解決長久以來擱在心中的疑問，並且再引導出其他的思考點，讓自己跳出舊有的框架，找尋到新的答案。

推薦參加的簡報溝通社群活動：
簡報小聚

「簡報小聚」是兼具講者精實分享與交流氣氛熱絡的月度聚會。在九宮格的自由交流環節中，你永遠不知道身邊站的其實是某企業的創辦人、公司正想尋找的合作企業，或是正在尋找優質人才的獵人頭顧問的驚奇感。分享環節由 Before, After, Pro Speaker 三位講者分別帶來簡報和職場溝通主題的故事和經驗分享，其中 Before Speaker 將於隔月再度登台成為 After Speaker 分享。透過 Before & After 的概念，讓參加者看到的 Speaker 兩次登台的前後差異，見證講者的改變。另外，壓軸登場的 Pro Speaker，是在各領域的佼佼者，將會分享出自己的經驗與故事。「簡報小聚」絕對是職場人必參加的簡報溝通社群活動。

ideaman 105

一擊必中！給職場人的簡報策略書

作　　　者	鄭君平
選　　　書	何宜珍
責 任 編 輯	劉枚瑛

版 權 部	黃淑敏、翁靜如、邱珮芸
行 銷 業 務	李衍逸、張娸茜、黃崇華
總 編 輯	何宜珍
總 經 理	彭之琬
發 行 人	何飛鵬
法律顧問	元禾法律事務所　王子文律師
出　　版	商周出版
	台北市104中山區民生東路二段141號9樓
	電話：(02) 2500-7008　傳真：(02) 2500-7759
	E-mail：bwp.service@cite.com.tw
	Blog：http://bwp25007008.pixnet.net./blog
發　　行	英屬蓋曼群島商家庭傳媒股份有限公司城邦分公司
	台北市104中山區民生東路二段141號2樓
	書虫客服專線：(02)2500-7718、(02) 2500-7719
	服務時間：週一至週五上午09:30-12:00；下午13:30-17:00
	24小時傳真專線：(02) 2500-1990；(02) 2500-1991
	劃撥帳號：19863813　戶名：書虫股份有限公司
	讀者服務信箱：service@readingclub.com.tw
	城邦讀書花園：www.cite.com.tw
香港發行所	城邦(香港)出版集團有限公司
	香港灣仔駱克道193號東超商業中心1樓
	電話：(852) 2508 623　傳真：(852) 2578 9337
	E-mailL：hkcite@biznetvigator.com
馬新發行所	城邦(馬新)出版集團【Cité (M) Sdn. Bhd】
	41, Jalan Radin Anum, Bandar Baru Sri Petaling,
	57000 Kuala Lumpur, Malaysia.
	電話：(603)90578822　傳真：(603)90576622
	E-mail：cite@cite.com.my

美術設計	copy
印　　刷	卡樂彩色製版印刷有限公司
經 銷 商	聯合發行股份有限公司　新北市231新店區寶橋路235巷6弄6號2樓
	電話：(02)2917-8022　傳真：(02)2911-0053

2019年（民108）4月1日初版
定價350元　Printed in Taiwan　著作權所有，翻印必究　**城邦讀書花園**
ISBN 978-986-477-637-5

國家圖書館出版品預行編目(CIP)資料

一擊必中！給職場人的簡報策略書 / 鄭君平著. -- 初版. -- 臺北市：商周出版：家庭傳媒城邦分公司發行,
2019.04　232面；17X23公分. -- (ideaman；105)　ISBN 978-986-477-637-5(平裝)
1. 簡報　494.6　108002486